江苏省社会科学基金项目研究成果(16YSD010)

欧美服饰文化性别角色期待研究

高秀明　著

东南大学出版社
SOUTHEAST UNIVERSITY PRESS
·南京·

内 容 提 要

本书首先从性别角色和性别认同等基本概念入手,分析了性别角色导致的服装差异,阐述了性别角色建构与服装之间的关系。第二章研究了在法国大革命和英国工业革命的背景下欧洲服装史上男性服装简洁化的原因。第三章引入了男性性别角色中的女性化问题。第四章讲述了皮革服装塑造的超男性形象。第五章研究了都市美型男的时尚和性向之间的关系。第六章分析了嬉普士的亚文化。第七章研究了时尚领域内的雌雄同体潮流。

整本书以性别角色期待为线索,以年代为序逐步展开研究。

图书在版编目(CIP)数据

欧美服饰文化性别角色期待研究/ 高秀明著.
—南京:东南大学出版社,2017.4
ISBN 978-7-5641-7024-0

Ⅰ.①欧… Ⅱ.①高… Ⅲ.①服饰文化—性别—社会—角色—研究—欧洲 ②服饰文化—性别—社会角色—研究—美国 Ⅳ.①TS941.12

中国版本图书馆 CIP 数据核字(2016)第 323254 号

欧美服饰文化性别角色期待研究

出版发行	东南大学出版社	
社　　址	南京市四牌楼 2 号　　邮编	210096
出 版 人	江建中	
网　　址	http://www.seupress.com	
电子邮箱	press@seupress.com	
经　　销	全国各地新华书店	
印　　刷	虎彩印艺股份有限公司	
开　　本	700mm×1000mm　1/16	
印　　张	8.25	
字　　数	152 千	
版　　次	2017 年 4 月第 1 版	
印　　次	2017 年 4 月第 1 次印刷	
书　　号	ISBN 978-7-5641-7024-0	
定　　价	28.00 元	

本社图书若有印装质量问题,请直接与营销部联系。电话(传真):025-83791830

序

　　地球上只有人类物种需要穿衣,但凡穿衣的人都会碰到服饰与性别的关系问题。性别包含了递增含义,即由生理性别引发的社会性别。服饰乃人工制品,可以根据人的需要真实反映或掩盖一个人的真实面貌,满足人所要表现的形象。

　　根据生理性别,服饰被分为男装和女装;根据社会性别,服饰被要求其着装效果反映性别的社会角色。在性别的二元论下,可对服饰和性别作排列组合,发生的情形如下:男性—男装、女性—女装、男性—女装、女性—男装,以及模糊状态——中性和雌雄同体。

　　本书以欧美服饰为研究背景,从多个角度研究了服饰文化中的性别角色问题,看似一个杂谈,却印证了服饰是性别角色操演的工具。

目　录

第一章　性别差异与服装时尚 ······································· 1

　　一、性别和性别角色 ··· 1

　　二、性别角色与服装差异 ··· 5

　　三、服装的性别角色差异构建 ····································· 7

第二章　伟大的男性化放弃 ··· 11

　　一、法国大革命前后的性别时尚变化 ······················· 11

　　二、现代男性化男装的开端 ····································· 18

　　三、相伴发生的女性化女性服装 ······························· 19

　　四、伟大的男性化放弃 ··· 21

第三章　男性与女人气 ··· 23

　　一、女人气概念及观点 ··· 23

　　二、男性女人气的不同分歧 ····································· 27

　　三、奥斯卡·王尔德女人气形象 ······························· 31

第四章　超男性皮革形象 ··· 50

　　一、皮夹克与战争 ··· 51

　　二、皮夹克与摩托车 ··· 55

　　三、皮夹克与摇滚 ··· 58

　　四、塑造超男性皮革形象先驱 ··································· 62

第五章　都市美型男 ··· 69

　　一、都市美型男特征 ·· 69

　　二、都市美型男的主要论述 ·································· 72

　　三、都市美型男与纨绔 ······································ 81

　　四、都市美型男与性向 ······································ 83

第六章　嬉普士(hipster)形象 ································· 92

　　一、嬉普士的含义 ·· 92

　　二、嬉普士的文化偏爱 ······································ 96

　　三、嬉普士与嬉皮士的差异 ································· 104

第七章　雌雄同体时尚 ·· 107

　　一、雌雄同体概念 ·· 107

　　二、雌雄同体的完美理想 ···································· 108

　　三、大众文化中雌雄同体偶像 ······························ 111

　　四、雌雄同体性别角色界限 ································· 113

参考文献 ·· 119

后记 ··· 125

第一章

性别差异与服装时尚

时尚是社会和文化变化的镜子,也是人们解读特定文化的媒介,因为它是最为可见的消费形式,在人们社会身份的建构中起着重要作用。由于这种密不可分的关系,一旦文化和社会体系发生变化,服装的选择也会受到影响和改变。时尚被用来定义社会身份,而性别角色是最为重要的一种社会身份。

人的身体是一种物理形式,经过训练,能呈现出特有的姿势和动作。在社会中,人的身体被按照或背离社会规范接受训练和操演,管理姿势、动作和行为,即身体被建构为内在自我伦理的外在文本。身体成为一种界面和领地,各种力量在这里交叉汇聚,使身体上篆刻着各种代码,使一个人的身份遍布于身体表面。身体的穿着就是表达自我身份的方式之一。

服装代码的视觉性,自觉或不自觉地在公共或私人空间中,表达社会、文化和性别信息。服装是性别差异的视觉标识。从历史上看,总是试图"固定"女性或男性性别角色和"视觉代码"的交流参数,从社会角度区分性别界限。即使男女两性的着装形式有相同或相似之处,着装上只要细微的操作,就可以清晰地交流性别差异。但是,总会出现视觉代码的错位,通过操纵身体,对身体进行修改和补充,以颠覆或背离性别界限的区分。性别角色及其分类最容易遭受批评,因为它们有很高的价值,受到人们的渴望和崇拜。

一、性别和性别角色

人从出生到死亡总是受到性别的围困。新生儿一旦降生,就根据性别被穿上蓝色或粉色服装。这些行为只是他/她一生中首先面临的性别刻板印象,他/

她被告知是男性/女性,在今后人生中还将被告知男性和女性分别具有的男性化和女性化的特征含义。

格尔达·勒纳(Gerda Lerner)在《父权制的创造》(Creation of Patriarchy)中指出性别(sex)和社会性别(gender)是不同的概念,前者是生物学概念,后者是文化性概念。性别和社会性别之间如同自然和文化的关系。性别是一种生物或生理差别,是自然现象。男性和女性各有一组不同的生殖器官,身体上生殖器官的存在和缺失决定了性别。性别角色是一种文化现象,性别角色差异是文化差异。因此,性别限制在生物学范畴,而性别角色具有丰富而复杂的文化含义。

在大部分父权文化中,女性和男性有各自独特的心理特征,这是一种标准惯例。这些特征不仅仅是描述性,而且起着规范性的影响作用。例如,女性化特征不仅指我们能够从女性那里找到这样的特征,而且认为女性只有具有这样的特征才是被希望和适当的。以一种社会性的方式,将男性化和女性化特征称之为"美德",从而产生了社会性别和性别角色。性别角色是社会期待男性和女性相信、采纳和完成既定的性别角色规范,并通过个体表达,个体在履行职责过程中服从强制性性别角色规范,并逐渐形成自觉。

在现实社会中,标准的说法是,男性的美德是强烈的意志、独立、勇敢、理性和控制情绪的能力,而女性的美德是温柔、养育、同情、怜悯、直觉和表达情感的能力。这种区分暗示了女性应该具有所有这些美德,而且只能具有这些美德,男性也是如此。

在西方传统哲学中,可以追溯到很早时期就将人类的美德作了性别的分类。柏拉图(Plato)反对美德性别二元化,认为美德应该男女共同具有,而不分年龄和性别。但是,亚里士多德(Aristotle)却赞同这种观点,认为两性要承担不同的社会角色,他们的美德必须有差别。他认为,男性的角色应该是参加社会活动,在经济上支撑家庭,用一双坚强的手管理着妻子、孩子和奴隶;而女性的角色就是看管丈夫的财富,管理他的家庭,养育和照看孩子们。因此,亚里士多德得出结论,男性和女性需要有真正的、不同的勇气履行各自的美德:男性需要有命令的勇气,女性需要有服从的勇气。但是,柏拉图和亚里士多德不知道我们今天面临的更加全面的"男性化"和"女性化"的二元化。不知道女性有或应该有超强的直觉能力,也不知道女性天生地就有理解他人情感和表达自身情感的能力。这些独特的概念似乎在较近代产生,也许在启蒙运动时期产生。然后,由于工业化,大多数有经济收入的家庭雇佣男性工人进入工厂,成为有工资收入的男性,而女性则成为没有工资收入的家庭劳动者。由于劳动力的不同,而明显地将两性进行差别区分,也许不是偶然的。

通过劳动得到工资补偿的劳动力市场被男性垄断之前,大多数哲学家就主张男性在智力和体力上优越于女性。或者早在《圣经》中就讲述了夏娃的不道德和神对她的惩罚,也就意味着所有女性缺失。但是,当女性,特别是中产阶级女性被看成是没有工资收入的家庭劳动力时,她们又被分配了一项新的任务,那就是为她们的丈夫和孩子提供所有的理解和情感支持,而这种理解和情感在家庭之外、日益变得无人性的社会中是无法找到的。如果女性被委任了这种新的困难角色,那么女性就要培养特别的直觉和表达能力,那是男性所没有的,这是必要的,或者至少被认为为了方便起见。这至少能够解释为什么在18和19世纪产生了越来越多的精深理论,讲述男性化和女性化之间不同的心理差别,这个过程一直持续今日。心理学家、社会学家、小说家、神学家、社会生物学家和作家,坚持不懈地阐述那些难以捉摸的男性化或女性化的本质特征。女性不断地受到警告,如果她们坚持男女平等,她们的女性化特征将丧失,而男性如果迁就女性,仍然被责骂为软弱或没有男子气概。

在西方传统中,期待女性穿着裙装,从事烹饪、清洁和养育孩子,保持纤细漂亮的身材,保持被动、安静、服从、守道和纯洁。女性角色形象是身体、智力和情感上的弱者。这些规范被应用后,女性被劝告不要举重物、淌汗、侵略性和参加体力活动,像太太那样,不要有男性化特征。如果女性跨越界限,展示出男性特征,她们的性别身份、性取向、价值观和社会角色都会遭到质疑。而男性角色被期待穿着裤装,强壮、独立和健康,具有侵略性、盛气凌人和在外工作。总之,男性是效用性,女性是表现性。由此产生性别角色表征图式,即性别形象。性别形象在判断自我和他人时具有强大的力量。

性别认同是指一个人认为自身具有男性或女性特征的程度,男性通常认为自己具有男性特征,同样,女性一般认为自己具有女性特征。有可能某些女性认为自己具有男性特征,或男性认为自己具有女性特征。从社会学角度,性别认同是一个人依据自身识别的所有性别含义应用于自身。反之,这些自我识别含义成为性别行为的动力源泉。一个人有比较多男性特征认同,他的行为更加男性化,例如,更加支配性、竞争性和自治的行为。一个人也许将自己标记为女性,但其行为方式并不是表述性、热情和顺从,而是主导、理性和支配。

在反对传统美德的背景下,产生了男女平等主义概念的雌雄同体心理。支持雌雄同体的人认为,将女性化和男性化特征二元化,不能完全涵盖人类应该具有的行为方式,很明显,有时一个人既需要理性,又需要直觉。如果一个人既具有女性美德又具有男性美德,就能面对男性或女性遇到的问题。

因此,雌雄同体主义者坚持,人类的能力和自我发展需要跨越性别的固定模式。雌雄同体主义者坚持柏拉图的观点,认为男女两性的美德是相等的。如果要求男性应该强壮、理性和独立,那么也应该要求女性如此;如果要求女性温柔、养育,也应该要求男性这样。这种理论的经验支撑来自心理学家 Sandra 和 Daryl Bem。Bem 认为,在广泛范围内,雌雄同体的人比只有女性气质或男性气质的人更加容易取得成功。他们总结到,具有雌雄同体心理的人比具有单性气质的人更加胜任和成熟。

因此,雌雄同体成为人类成功发展的中性性别标准。但是,雌雄同体主义者建议,个性的心理发展要有一个新的标准,同时,家庭、政治和其他社会机构也要进行彻底的重组。在雌雄同体的社会中,两性应该平等地抚养孩子;在以前的男性化领域里,例如经济、政治、社会、艺术等领域里女性也应该与男性平等。取消男性气质和女性气质的传统模式很大程度上能够降低不同社会角色之间经济和地位的差别;即使还有某种程度上的差异,不再是建立在性别或其他道德的非相关因素上。

关于这种雌雄同体的理想心理说法,也有很多反对意见。一些来自反对男女平等主义的阵营,矛头直接指向雌雄同体主义者的最终目标——在谈到人类特征和社会角色上,享有社会性的自由性别规范。其他的反对者来自主张男女平等主义的阵营,反对将雌雄同体的易变性作为取得目标的手段,而不是反对目的本身。

反对女权主义的人经常声称,在男性和女性角色与特征形象之间的二元化是不能改变的,因为它是基于男女两性之间某些天生的和无法回避的心理差别。认为男女之间的重要差别是男性比女性更加理性,即他们的理性分析和深思熟虑的能力超过女性。很多心理学家和社会生物学家认为,男性和女性的本质差别在于,男性天生地比女性有侵略性。例如,Steven Goldberg 争论到,男性的荷尔蒙睾丸激素使男性更加偏爱侵略性行为,对权力和地位有更多的需求。Goldberg 声称,正是这个原因,女性接受的教育正是为了女性自身的好处,女性要培养特别的女性化能力,而不是鼓励女性在一些领域内与男性竞争,否则由于男性的侵略性,在很多情形女性将会失败。

对很多男女平等主义者看来,雌雄同体代表了逃离性别的牢笼——即强迫女性和男性应该具有不同的社会性心理和行为。在男女平等主义意义上,雌雄同体毋庸置疑就是生理上的雌雄同体性,一种生物性不正常,一个人的身体没有能够发展为清晰的女性化或男性化的行为方式。男女平等的雌雄同体主义者(即致力于雌雄同体者)认为,更加确切地说是心理上的雌雄同体,是女性化和男性化特质在单个人身上的结合。

因此,雌雄同体的人是指既具有理性又具有情感,既强壮又顾家,既果敢又有同情心,只是根据情况的不同而显示不同特征。她或他的特征与传统规定的女性化和男性化范式相悖。雌雄同体主义者坚持,传统规定了男性要有强壮的、理性的和无情感的,女性要有柔弱的、情感性和非理性,雌雄同体平衡这种极端的两极,使男女两性特征具有易变性,因而无论从个性还是从社会有着相当大的优越性。

尽管性别的生物性能够直接地影响男性化和女性化(也许是错误的),但是不管它的影响是什么,社会影响力仍然是相当强大的。

二、性别角色与服装差异

为何服装比其他物品更遭人评头论足,因为它与身体相关,使性别和性别角色具体化,形成男性和女性应有何种形象的概念,得以在第一眼就辨别出着装者的性别。在生命早期阶段,婴儿还未有性别差别意识之前,就被警告着装上的性别差别,至少在两岁之前,他们就能区别不同性别的人。穿蓝色服装的婴儿被期待日后长得帅气、强健和敏捷,而穿粉色服装的婴儿被期待日后长得美丽、甜美和优雅。在这里色彩起着暗示或刺激作用,影响儿童成长中的行为,并引导他/她按照期待的方向发展。

服装有三种区隔作用:第一是区别外貌,第二是区别性别,第三是区别等级。性别差别通过个性评估、社会判断和对"适当"着装的期待来控制。尽管我们每天穿衣,我们自动地选择与大众一致的性别化服装,但这些选择不是根据我们身体的本质需求,而是根据社会建构的性别角色规范。在内在化规范后,我们将理念认为想当然。我们会惩罚那些错误地穿着性别化服装的人。服装一直围绕着性别角色,反复定义性别角色界限。目的是从日常生活中男性和女性的着装,展示性别差别,创造和再生男性和女性形象。一般说来,社会要求男性穿得像男性,女性穿得像女性,男女使用不同的服装款式、面料或色彩。我们的文化已经将不同服装单品分别归属于男性和女性,最终使那些服装成为性别角色的象征。牛仔和 T 恤是最男性化服装,荷叶花边是最女性化服装;在西方,裤子属于男性,长裙属于女性。男性套装(即西装)既强调男性身体特征,还强调身体的男性化特征。特定的服装象征不同性别身份,一旦被认可,这些服装成为一定社会中的代码,代码就这样建立。通过这种编码方式,社会中成员能够彼此交流性别身份。服装不是简单地为了保暖、舒适或端庄,更是身份的视觉表现形式,具有丰富的含义。通过这些代码,清楚地表达特定身体与所处的生活环境、占据的空间和身体行为之间的关系。这些代码可以看成一种语言,人与人之间借助这种语言交流身份。但是,由于代码的复杂性和多样性,译码或释码不唯一性,交流的信息也就多样和复杂,不仅如此,代码还在无休止的建构中。

从这种意义上,服装在展现性别差异时,可以脱离真实身体。当提到"裤子"这个名词,我们大脑里就会和男性联系起来;讲到"裙子"就会想到女性。这样服装就能够指示性别差异,指代"男性化"和"女性化"。在特定情形下,一些服装与"男性化"和"女性化"紧密联系,与实际生物性身体无关。在西方,当人们表述"她穿的裤装",隐含一位强势女性有与男性相关的特征。这里"裤子"指代"男性"和"男性化"。因此,可以说,从着装开始,人的身体就远离了生物身体领域,与文化建立紧密的联系。"男性化"和"女性化"嵌入在我们身体穿着的服装上,当我们阅读身体时,我们将这些区别作为我们的基本常识。换句话说,着装又将文化变成了自然,它将文化规范自然化。

性别角色与服装相辅相成,着装身体通过述行(performative)展示性别角色,性别角色化的着装有助于规定行为。性别角色一直处于社会制造过程中,不断地变化,影响性别化着装的变化。服装是一种媒体,表征性别角色,与此同时,探索改变女性化和男性化的概念。服装能够塑造和体现社会提倡的性别和性别角色形象。

三、服装的性别角色差异构建

服装的性别区分不是一直都很清晰。在西方，直到 18 世纪，两性服装没有太大差别，男女都穿装饰服装。上流社会成员所穿服装包括大量采用蕾丝、华丽天鹅绒、丝绸和装饰鞋子、精致帽子、假发和大量香水。一种粉色丝绸套装镶嵌金丝和银丝被看成是彻底的男性化服装。服装是社会等级象征，社会等级越高服装越华丽。

到 19 世纪初，性别差异服装产生，男性特征的服装发生了变化，资产阶级男性不再使用任何形式的装饰，只采用简单、素净、深色的服装。特别是裤装，有效地建立了不同于女性的男性身份。裤子使人能够快步行走、奔跑甚至跳跃，它提供的可能性姿势和运动幅度，体现出男性的健康、健壮和力量，成为新型男性特征。Flügel 比喻为"男性的伟大放弃（The Great Male Renunciation）"，是时尚史上最为重要的一个阶段。从此，中国人称之为"西服"的"套装"垄断性地成为 19 世纪男性的着装代码。男性对"漂亮"外表不再感兴趣，只注重效用性。勤俭节约、刻苦工作和发展个体经济，以及工业和商业中的纪律、可靠性和诚实性等价值观都体现在男性服装上。男性角色与他们为之骄傲的工作和社会地位相关，男性化特征为支配、独立、主动和自信，由此产生概念化男性时尚。商务套装、牛仔成为男性时尚的标志。因为商务套装和牛仔标志着男性的工作特征，这些服装清晰地显示男性是养家糊口之人。从他们的工作特征标志，也间接地说明他们的支配性、独立性、权威性、主动性和自信性，是一位骄傲的掌控者。当男性在政治和商业领域拼搏时，他们将所有奢华的装饰让给了女性。通过女性的着装和外表反映男性的社会地位，时尚变成了女性化。时尚对女性服装倾注了极大的热情，且周期性变化。

凡勃仑（Veblen）分析到，在 19 世纪后期，在美国出现了新兴富有阶级，企图在贸易共和国的"新世界"里再现贵族式的生活方式，为了达到他们的目的，新兴阶级开始通过炫耀性消费显示他们的财富，即炫耀性浪费和休闲。通过购买商品，并舍弃刚刚过时的商品和悠闲的生活方式来证明他们"金钱"的实力。随着资产阶级的崛起，服装的功能产生变化，变成体现家庭背景的工具，象征家庭的社会地位，以便与他们出身低等的工人阶级出身相区别。服装成为金钱文化的表达方式,因为服装能使别人在第一眼明了穿着者经济状态。因此,凡勃仑认为,女性的角色证明她主人有能力支付,这就使女性服装比男性服装更有变化性,这也导致时尚的变化,以使女性设法摆脱无用和丑陋过时的时尚。自19世纪以来,西方女性服装从生理和象征上限制了女性的社会性角色。服装日益成为地位品位和性别角色的沟通装置。

在历史进程中,将时尚、华丽服装与女性灵魂深处的虚荣和软弱联系起来,导致男性时尚和女性时尚之间的本质区别是,女性着装为了取悦于男性,为她的主人而骄傲;而男性着装是为了职业生涯。这就解释了,为何女性服装总是装饰珍珠、珠子或艳丽色彩。服装的复杂结构、皮肤或身体的裸露,因为她们愿意被男性"看"。同时,男性着装的目的是为了职场,故而男性时尚较女性时尚严肃和简单。男性将时尚与工作场所联系起来,反映了职业特征、权力、地位和重要性。女性是被男性欣赏的对象,因此,女性化的外貌特征是夸张、艳丽和复杂的服装。

服装成为性别角色的表征,同时又再生性别角色。穿着轻浮和夸张服装的女性不适合参与熙熙攘攘的工业和商业活动,只有男性的简洁服装才适合进入工厂、办公室等社会空间。男性和女性服装样式的区分构成了彼此相关的符号体系,旨在从深层次、最理所当然的日常生活层面上使性别角色的社会分工合法化。

服装经常被用于种族歧视,同样,也被作为性别歧视的视觉符号。男性服装模式显示了性别上容易获得经济和政治力量,而女性服装用社会眼光看没有男性服装的严肃性。服装文化研究学者 Davis 举例,一位美国联邦储备银行(Federal Reserve Bank)官员被问到,如果哪天早晨戴上他妻子的帽子去办公室,多少钱能够补偿? 他起初的回答是,50 000 美元。接着他想了想说道,将要用他余生挣得的钱补偿,因为如果他戴妻子的帽子,他必定终生失去他现有的职位,最终他得出结论是,任何金钱都不足以弥补他失去的荣誉。

在 1960 年代和 1970 年代,时尚遭到了女性主义的谴责。女性主义者认为,服装建构和再生一种女性角色版本,那些版本错误地限制女性,女性必须逃离,才能摆脱限制。逃离性别身份的方法之一就是脱去或拒绝穿着建构性别身份的服装。"烧掉胸罩"这一行为是否真实,并不重要,重要的是这一说法表明服装在性别建构中的地位。服装从根本上再生已经建立的性别身份和地位,

"烧掉胸罩"就是拒绝或逃避这种既定的性别身份。从结构、寓意和再生基础上,通过摧毁,对服装定位的性别身份提出挑战。

拒绝既定性别角色范式有两种策略:蔑视或拒绝时尚和穿着异性服装。蔑视和拒绝时尚就是设法逃出时尚。穿着异性服装则是一种颠覆形式,目的是证明拥有异性的品质和能力,否定性别角色代码。男性角色定义为主动/观看者和女性角色定义为被动/被观看者。女性主义者的颠覆策略就是通过服装颠倒的结构,鼓励女性成为主动的观看者,改变被动角色和不再是男性观看的客体。颠覆策略即女性穿起男性服装,最明显案例就是女性穿起裤装,因为裤装象征了男性权力。这种跨性别着装是企图建构一种期待的、与既定性别身份不同的性别身份,或戏弄现有性别身份的建构。

图1.1"香烟装",由著名高级时尚设计师伊夫·圣洛朗于1966年设计,在时尚界和大众文化领域一片哗然。设计师企图将女性穿得与男性一样,像男人叼香烟的姿势。他将男性西服与女性服装结合在一起,从而赋予新的含义。尽管女性模特儿身穿西服,但在细微处与男性西服不同。领子的形状采用弧线,女式衬衫塞进裤腰,显示出女性纤细的腰。从视觉上,裤管拉长了模特儿的腿。

图1.1　香烟装

1960 年代以来,男女之间的传统角色发生了改变,两性角色的变化并非均等,但十分重要。在西方,1960 年代早期,女性高级时尚侵入男性时尚领域,一些设计师在他们的部分产品中添加了前卫的男性成衣产品线。尽管一些发布会女模和男模具有相同特征而难以区分,但是,一些享有盛誉的高级时装屋为男性推出花露水和美容产品。长期以来,男性身着保守深色套装,与女性截然区别的局面被打破,男性回到了时尚。

男装时尚潮流的真正崛起归因于休闲服装的产生。男性服装不再是朴素、生硬的深色或中性色彩,而是充满想象,径直朝向女性时尚。内衣、衬衫、网球夹克服等充满各种色彩组合,非严肃着装不再禁锢男性。

数百年来,男女服装之间的隔阂逐渐被时尚所弱化。一方面,男性服装日新月异;另一方面,从 1960 年代以来,女装广泛采纳男性服装样式,例如,裤装、牛仔、夹克、西服、领带和靴子。男性和女性必须遵守的着装教义变得含糊不清,女性垄断时尚和在衣橱里加些男性化服装的时代已经结束,迎来了男女服装平等发展的年代。

第二章

伟大的男性化放弃

1930 年，精神分析学家约翰·卡尔·弗卢杰尔(John Carl Flügel)在《服装心理学》(*Psychology of Clothes*)一书描述了现代男性时尚的诞生。"18 世纪末，时尚史上发生了令人震惊的事情，它至今仍然影响我们的生活，但是我们却不注意它的价值：男性放弃了所有艳丽、华美、精致和变化多端的各种装饰形式，放弃了美的权利，将这些都留给了女性，他们自身的服装变成最朴素和严谨的艺术，从服装史上看，它值得称之为伟大的男性化放弃(The Great Masculine Renunciation)"。这是一段极为重要的男性时尚史，它为现代男装奠定了基础。是什么原因导致它的发生？为什么"放弃"未能在女装中发生？本章将从法国大革命、男女性别角色和男性气质三方面作进一步研究和分析。

一、法国大革命前后的性别时尚变化

18 世纪初期，在英国和法国，贵族的等级地位决定了着装时尚。在法国，以国王为中心的宫廷决定时尚文化；在英国，主要是贵族决定时尚。尽管在精英文化中，法国和英国有细微差别，但它们的时尚文化都以贵族为主。两国贵族保持相似的概念，时尚等同于奢华，即法国和英国的时尚受奢华的驱动。

在贵族统治时代，时尚没有性别区分，而以阶级差异为标志。服装清晰标志着装者是谁和属于何种群体。路易十四采纳女性化服装，十足贵族女人气形象，但在当时这种行为从未与"女人气"或"同性恋"联系起来。在宫廷里，地位通过外貌显现。男性即使采用奢华装饰，仍然掌控权力，社会的审美理念用有闲和不劳动度量，劳动只与较低阶层相关。白皮肤、无肌肉、服装装饰是社会等级区分标志,服装越华丽社会等级越高。

在极为注重细节和装饰的服装样式中,无论男装还是女装裁缝,都将缝纫技术发展到很高程度,18 世纪中期达到顶峰。男性和女性一样,化妆、戴假发、搽香水。华丽的天鹅绒面料,丰富多彩的服装大量采用蕾丝、缎带、蝴蝶结、宝石、珍珠和金线刺绣装饰,甚至丝绸鞋子上也充满精致装饰,丝绸套装镶嵌金丝和银丝被看成是彻底的男性化服装。贵族倡导这些时尚样式有两点理由:凡尔赛宫里的服装为法国大多数人买不起;其次,它们极不具有功能性。例如,女性服装的紧身胸衣和膨大裙撑使她们弯腰和进门十分困难。

图 2.1 路易十四,1701 年

法国大革命(1789—1799)标志着长的第 19 世纪(Long Nineteenth Century,1789—1914)的开始和现代西方文化的出现。这个时期经历了全球政治、经济、工业、社会和文化的结构性变化。法国大革命犹如全球性强烈地震,它的一系列新理念打开了一个智力世界,在辽阔的欧洲大陆,人们的观念、行为和习俗等方面产生了全面性变革。

图 2.2　18 世纪刺绣男装

　　在审美文化上,法国与它的竞争者英国一直引领世界潮流,大革命时期的审美——艺术、建筑和身体——以及与它们相关联的文化,在贸易、侵略和外交中迅速传遍全世界。在这些审美活动中,最具重要意义的是起着保护身体和视觉交流作用的服装。法国大革命标志着现代性的诞生,当然,现代性也使时尚包含其中,并使它包含深层的文化价值观。这并不意味在大革命之前就不存在着装文化,而是在现代性之前,服装仅仅局限于小众精英时尚文化的审美,例如,法国宫廷中玛丽·安托瓦内特(Marie Antoinette)的着装以及英国的上流社会。

　　18 世纪初,欧洲明显的等级区分是贵族拥有大片土地,为土地劳动的农民只能得到很少工资,而商店老板、专业人士和一些技术工人构成了一小部分中产阶级。随着欧洲国与国之间的贸易往来,商人们逐渐累积了大量财富。商人和工厂主拥有足够财富控制政治和经济命脉,并影响时尚,驱使贵族不再独享奢华时尚。

当新兴中产阶级一边享受着更多奢华食物、豪宅和服装的时候,他们也敢于求知。1770年代,法国路易十六统治时期,启蒙主义文化运动,崇尚理性取代权威。启蒙主义者提倡自由和个性解放,反对皇权和宗教统治。法国哲学家伏尔泰(Voltaire,1694—1778)和卢梭(Jean-Jacques Rousseau,1712—1778)的思想为法国大革命(1789—1799)奠定了思想基础。大革命前卢梭就提倡着装的简洁性。他认为,服装的使用功能被日益轻浮的时尚所淹没,致使外部服装的呈现与内在自我道德相冲突。服装往往被用作伪装或掩盖真实自我。针对1770年代的奢华时尚,卢梭竭力提倡人们用简洁服装真实表达自然情感。启蒙主义者提倡用具有民族主义统一性制服取代时尚的诱惑、奢华和等级地位象征。他们强调,民族统一性制服隐含了国家主人的思想。一个自由的民族,人民必须有表达自身的权利。这些思想为法国大革命者提供了灵感,并得到进一步发展。例如,一些协会企图推广民族统一服装。共和国艺术协会(Société Populaire et Républicaine des Arts)出版的书籍《改变法国服装的思考》(*Considérations sur la nécéssité de changer le costume français*)中建议服装要保证穿着者健康和安全,应该具有平等思想,实现一统,而不体现富有和地位。此外,服装要显示体型,而不是掩盖身体的美。"着装标识政治边界转变为标识整体的责任感,个体成为国家的主人"。着装上统一就是去除体制中不平等的社会现象。这种进步观念涉及所有形式的服装,即如何使服装准确地反映新型社会。

时尚和服装提升到新的高度,服装成为社会全体成员的一种政治符号。它用有力的视觉识别标志方式表达了道德准则和意识形态的价值观:爱国主义、解放、平等和友爱。简洁与华丽形成对立,自由和平等是骄傲和特权。法国大革命的结果,是民主理念的产生。从理论上,男性服装就是一种制服,不再屈服于外貌的需求,而是劳动和平等。

法国大革命后,在公开场合展示优雅和富足变为很危险的事情,服装上所有象征旧体制的装饰统统消失。此时,宫廷失去了它的影响力,上流社会的生活方式不再存在。上好面料、羽毛装饰、红色高跟鞋和其他样式的服装普通民众也可穿着,但是,这种奢华的服装和装饰遭到大多数人的鄙视。时尚中心从凡尔赛移到了巴黎,在巴黎着装不是表达社会等级而是政治观点。时尚杂志很快消失,关于巴黎的时尚新闻也得从英国和德国"进口"。

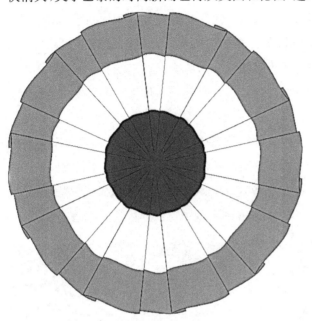

图 2.3　三色徽章
白色代表贵族或君主,外侧红色和中间蓝色代表巴黎,组合在一起象征法国在新型共和国体制下实现解放、平等和友爱的统一

图 2.4　帽子上装饰三色徽章

一种并非创新发明的白、蓝和红色构成的三色徽章（cockade）被广泛装饰在服装和帽子上，并在大革命中扮演了十分重要的角色。白色代表贵族或君主，红色和蓝色代表巴黎，组合在一起象征法国在新型共和国体制下实现解放、平等和友爱的统一。通过法律制定的革命性徽章，是完美的爱国主义象征，表达了国民对革命的忠诚。三色成为必须要有的色彩，从手套到鞋子，男女老少，社会所有阶层的人，任何时候都要佩戴徽章，佩戴全白代表支持君主，被批评为反革命或保皇派。

大革命中另一种政治象征的服装是无套裤（sans-culottes），即长裤，字面上理解没有马裤。在1770年代，裤装是纳尔逊（Nelson）水手的制服，在法国大革命前也是男性工人的着装。在古高卢人（Gauls）看来，裤装被看成是农民或水手的工作服装。可以从1568年Amman的木刻中看到穿裤装的男性形象。

图2.5　Jost Amman 的木刻，描绘身穿裤装的水手和农民

无套裤汉派偏爱工人阶级男性的裤子，鄙视贵族或上层阶级的马裤。他们是具有政治立场和社会背景的工人阶级群体，信仰人人平等的理念使他们走到一起。他们认为所有阶级应该平等，不应该用时尚区分。在一些图像资料中，无套裤汉往往手持长矛，象征他们的战斗性，长矛是下层阶级的常用武器。与

图 2.6　漫画描绘了一位巴黎无套裤汉手持长
　　　　矛,约 1792 年

图 2.7　Louis-Léopold　Boilly（1761—
　　　　1845）描绘的无套裤（sans-
　　　　culottes）汉理想形象

裤子配套的还有装饰帽徽的红色帽子,一件背心或一件称为 carmagnole 的短蓝色夹克,它是皮埃蒙特(Piedmont)的农民穿着的服装,来源于卡马尼奥拉(Carmagnola)。马赛(Marseille)的革命代表将这种服装带到了巴黎,被革命者采纳和穿着,有时还配一件棕色有领子的长衣(redingote),驳头上镶有红色,鞋子(sabots 或 clogs)上也有类似的装饰。

二、现代男性化男装的开端

法国和英国在现代性初期沿着两条不同的政治路线发展(英国在 1688 年已经产生了革命),男性服装趋向于较少夸耀、简洁、非正式和现代的着装样式在法国大革命头二十年的英国就悄然出现,这是由于受到自由主义、浪漫主义和新古典主义理想的推动。

到 18 世纪末,法国失去了在欧洲的统治地位,英国控制了海域,收服了很多殖民地,成为世界上最强有力的工业经济国,同时,英国也成为世界的时尚中心。法国一直是世界时尚潮流的领先者,从 1715 年到 1775 年,法国时尚将洛可可样式推向顶峰,时尚、建筑、室内设计以精细的花卉图案为主,纯粹装饰设计为特征。而英国裁缝们设定了一种男装潮流,制作精良、深色色彩。到了 18 世纪末,曾经是英国人日常生活中穿着的没有装饰的服装成为皇家成员时髦的服装。尽管法国大革命在较短的时间内影响时尚的选择,而英国精致合体的男装成为 18 世纪末的主流,并且对 19 世纪的男装样式产生了影响。

在宫廷时尚体系下,男性只有和女性竞争,使用华贵面料、金银装饰、昂贵假发和炫耀式靴子,而新体制下男性不再是被观看者。男性不再通过最新时尚捕捉人们的眼球,而是有义务穿着统一标准的简洁服装。

在法国大革命之后,资产阶级成为统治阶级,男性和女性的着装差别界限已经很清晰。法国著名艺术评论家和社会学家皮埃尔·布尔迪厄(Pierre Bourdieu)认为,"19 世纪初期,出现性别角色分裂,产生刚健男性和温柔女性。19 世纪,也是男性统治最显著时期"。服装表达性别差异比社会秩序更加重要。

现代工业的兴起,教育的迅速普及,商务领域和其他领域为那些白手起家的男性提供了无数的机会。随着城市资产阶级的崛起,缺乏头衔和社会地位的男性,受到参加政治和政府工作的鼓励,积极争取获得重要地位。为了在商业和工业世界中生存,男人必须刻苦工作、勤俭朴素,使个人经济进步。这些价值观不仅促进资本主义的发展,而且定义了男性化特征,并反映在男性的服装上。

男性服装从款式和色彩上都发生了革命性的变化,变得简洁、粗糙和暗淡。男性通过视觉化服装体现新时代男性化的象征符号——节俭价值观,对抗贵族的优雅、丰裕、有闲和婚外情,舍弃丝绒、锦缎、缎子、褶边和俗丽的装饰,崇尚工作、职业、收入、名誉和事业成功,于是,男性服装与工业社会经济、政治和权力挂上钩。贫富和尊贵差别是通过贵族大量精致和昂贵的服装与下层阶级的服装比较而产生,兄弟般友爱的社会不容许服装区分等级和贫富。新型社会秩序中,任何事物都要能够表达共同的人性,任何与经济相关的商品都有可能降低各个阶层的尊严。相对来说,很少有实际行为能有效地与政治或其他社会因素结合起来,也许简洁、平民化标准的服装是实现无等级差别的最好途径和表达方式。

朴素和统一的男性服装,使男性不必再谈论服装,太多的谈论被看成是非阳刚和女人气。延续几个世纪的男装样式,仅在一代人的时空中,发展为一种素净的、十分统一的样式。大约在 30 年时间跨度中,装饰和女人气的长筒袜、马裤、拍粉、假发、褶裥、蕾丝、丝绸和珠宝被单调色彩、坚硬衣领和宽松合体裤子取代。渐渐地,所有男性装饰和配件都被放弃,只剩下中产阶级商人经常佩戴的怀表。

诗人波德莱尔(Baudelaire)在 1846 年写道:"黑色套装和大礼服(redingote)不仅表达政治性和共同平等,还具有诗意的美——公众心灵的表达。深色服装象征效率、认真和责任。远东艺术馆馆长也许可以穿一件绿松石蓝色衬衫、一条鸽子血红色领带,或近乎翡翠绿的花呢外套,但是,如果去会见一位医生或律师,发现他穿亮丽花呢套装或橙红色衬衫、浅黄色领带,至少会令人有短暂的不安,有找错了人的感觉。"

三、相伴发生的女性化女性服装

1850 年以后,受法国大革命的推动,西方时尚试图在女装上应用技术显示女性化特征,时尚开始投向贵族和新兴资产阶级的女性。在英国,男装使用高度限制性编码之时,女装被允许保留延续几个世纪以来繁多的精致编码。相伴发生的限制性和精致性着装编码,使男装的表述范围大大受限,而女装的表述范围则维持不变。

男性和女性着装差别的不同演变,不是历史的偶然结果,而是按照它自身的方式,在已有基本形式上发展而来。当生意从家庭作坊转移出去变成工厂之后,男性不再像过去那样与妻子一起分担家务,也就不直接参与家庭消费,女性边缘化生产。在欧洲社会结构转变的背景下,男性通过男女着装的差别来反映性别差别,即男性存在于工作场所、市场和办公室,女性怀孕、照看孩子和无休止的家务劳动。

男性的目标是工作和生计,当从众多目标中挑选为数不多的目标一心一意追求时,极为害怕受到其他方面的威胁。男性变得敏感和神经质,要将他们的衣橱远离被动的、好逸恶劳和女性化特征。这样,习以为常的日常社会生活浅表层面上的男女服装,被借用来助推深层含义的劳动"性别"分工,从文化层面上寻求批准和合法化。

男性化和女性化的形象逐渐与男性和女性在各自领域所起的作用结合起来。男性在政治和商业领域拼搏,妻子和女儿通过她们的服装和其他消费活动来彰显家庭的社会地位,特别是家庭中男主人养家糊口的能力,女性受雇于替代男性消费。

正如凡勃伦所说,女性被看成是她丈夫的财产,必须顺从于丈夫。她们还必须十分精美和相当耀眼,以致不能太活跃,有时要采用紧身胸衣。这里的女性化是脆弱和不适合任何费力的行为,这就意味着"轻佻的"、本质上"不庄重"的和微不足道的。可以想见,服装时尚就是一件不严肃的事情,以致女性一直受到鼓励,在着装上反映她们的轻浮。

服装时尚不仅将性别身份的建构和象征连在一起,而且再生这种身份。女性穿上了紧身胸衣和庞大的裙子,理所当然不适合参与喧嚣的商业和工业社会,而男性穿着简洁,很适合工厂、办公室和市场。时尚的新奇性和模棱两可性,往往将曾经是次要的品位标准,变成合时的标准,使女性必须操控更多的服装编码,而且更容易"犯错"(错误搭配、夸张、疏忽或全神贯注于细节等等),女性被认为不善外交、大惊小怪、衣衫褴褛、庸俗等;男性在着装上始终没有犯错的机会。时尚的多变性,一方面使女性着装上的错误轻易地被社会忽视;另一方面,服装上的精湛技艺很快被时尚视为过时。结果,她的着装不管是给别人留下好的或差的印象,都是一种间接的地位反应——男性地位和家庭财富的拥有。当男性自身与时尚消费和展示疏离之后,女性越来越承担起表现地位的责任,即借助服装和其他表示价值的所有物去展示,因此所有物的文化价值远远超过了使用价值。

四、伟大的男性化放弃

英国维多利亚时期普遍存在"伟大的男性化放弃(Great Masculine Renunciation)"和"分离空间(Separate Spheres)"两种理念。前者指中产阶级男性放弃服装的装饰和展示,崇尚素净和朴素的服装。后者指社会结构分为男性是"生产者",女性是"消费者",即女性专门从事购买和家务管理活动。基于这两种理念,维多利亚时期产生了很多关于行为的社会评论和文学作品,几乎掩盖了男性与时尚和消费的真实关系。

在19世纪和20世纪早期,女性时尚的评论极其多见,而关于男装的评论少之又少。英国维多利亚时期的小说反应出含蓄地漠视男性着装。小说家和他们的男主人翁通常执著地忽视和有意识地避免对时尚深入地了解。很多作者一直都是很含糊地描述,很少从细节上描写男性服装和体貌,一些形容词,例如整洁、干净、简单、简朴是最为合适的词汇。

时尚理论学家安东尼·舒加(Antony Shugaar)写到,人们耳熟能详的名言是"人靠衣装",而"男人根本不应该知道男人靠什么衣装。既然是男人,就应该对服装浑然不觉。男人即使穿得很好也应该忽视服装。真正的男性优雅是无意识地理解服装,是本能选择某种样式,而不是受其他因素影响。"男性只是对装饰或样式略微有点兴趣,着装主要为了舒适和功能性。如果承认男性服装具有象征性目的,那就是象征他事业的成功——即强调他的职业生涯。

很多时尚历史和社会学也遵循Flügel的"伟大的男性化放弃"观点。David Kuchta认为,非炫耀性消费是伟大男性化放弃的关键,贵族与中产阶级男性双方设法在展示朴素、节俭的美德,刚毅、谦逊的严谨精神上超越对方,消费问题是政治合理性的核心,庄重的男性化成为政治权力斗争的武器。Robin Gilmour认为,中产阶级号召以严肃挑战时尚的轻浮,正派和社会责任的内在价值是真实,时尚服装是虚假的高尚。

时尚理论学家 Valerie Steele 认为,在英国,夸张和时髦的男性服装与贵族的专横、政治和道德腐败,以及堕落的女人气相关,而平淡和素净的服装体现资产阶级"解放、爱国、美德、事业和刚毅"的理念,法国大革命促使这些概念具体化。在过去,人生具有真正意义的瞬间是战场(即军官的制服)和客厅,这两者都需要昂贵和优雅的服装。法国大革命后,男性最重要的活动不是在客厅,而是在车间、会计室或办公室,这些地方只需要相对简洁的服装。

很多学者认为,"伟大的男性化放弃"是男性放弃性感、视觉自我和享乐,着重身体的效用性,致力于刻苦地工作。如果过多关注自身的服装,将受到道德谴责。正常男性套装(即西服)呈袋状或箱型廓型,上衣袖子和裤腿呈管状,尽可能掩盖身体的吸引力或强壮身体的明显迹象,看不出肌肉或大腹便便,抹去男性身体力量性、侵略性的视觉表达,只有纯粹的标准化尺寸和体积,这种单调统一的男性服装最终成为标准化服装,也定义了男性的男性化特征的合法地位。

"伟大的男性化放弃"提倡的简洁和轻描淡写的美,似乎是置于时尚之外的美,而不是时尚本身。放弃炫耀,男性就必须在着装细节上和行为规范上严格遵守一套范式。自然和简洁,看似不经意,事实上耗费的精力比装饰外表还要多。同样,掩藏自身、反对展示,要比装饰外表复杂很多。

毋庸置疑,男性世界变成了贫穷的美,亮丽和对比被简洁和单调取代。着装的统一性产生了个体间、阶级间的同情,因为穿相同样式服装具有社会团体感,而差异服装容易导致社会的瓦解。单调深色制服,男性可以足够安全成年累月地穿相同的套装,失去了浪漫,更失去了羡慕和嫉妒,一种完美的超然状态。

由此可见,时尚的进程是在人们不自觉中缓慢前行,然而,时尚的突变只在社会的变革中发生。"伟大的男性化放弃"反映男性服装显著变化,是以法国大革命和英国工业革命为基础。男装的限制性和女装精致性编码相伴存在,表现和再生男女性别差异。简洁、素净和统一的男性服装,超然于时尚之外,实现了责任、庄重等男性气质的道德规训。

第三章

男性与女人气

在历史和文化的研究中,作为文化概念的女人气一直受到学者的关注。女人气的社会含义不仅说明了某个社会的性别/性别角色体系,而且显示了某个社会中性别关系的动态变化。

一、女人气概念及观点

女人气定义为男性中的女性化特征。维基百科解释,女人气(effeminacy)是指男孩或男性在行为方式或性别角色上具有的女性特征多于男性特征。同时,也经常用于指男孩或男性显示的女性化行为举止、着装和外貌。因此,女人气具有批评或讽刺含义。

《韦氏词典》(1994 年未删减版)定义女人气(effeminacy)是一种男性特征,"柔弱(soft)或纤弱(delicate),在特征、品位、习惯等方面无男子汉气概";他是"女人似的,无男子气概的柔弱和纤弱"和"自我沉溺(self-indulgence)"。

《牛津英语词典》中讲到,名词女人气(effeminacy)在 1602 年开始使用。而形容词女人气(effeminate)可以追溯到 1430 年。在中世纪(Middle Ages,公元 476 年—公元 1453 年)和文艺复兴时期还有其他含义。一方面解释为道德和生理的缺失,另一方面解释为自我沉溺和风骚(voluptuousness)。1652 年,"柔弱的胃(effeminate stomach)"是指纤弱的体格。

1589 年,作家乔治·普登汉姆(George Puttenham)将形容词"色情(amorous)"和"女人气(effeminate)"并列使用,表明它们有类似的含义。此外,"effeminate"还被用作名词,表示鸡奸。1609 年,《杜埃圣经》(*Douay Bible*)记载"effeminate were in the land"。表明到了 17 世纪，女人气(effeminacy)有多种含义，从身体缺陷到男性与男性之间的性交往。

到了 18 世纪，女人气(effeminacy)的含义更加广泛，经常与奢侈和不道德联系起来。社会历史学家 Kathleen Wilson 研究表明，在 1750 年代，英国贵族不负责任的利己主义追求，导致女人气对国家的威胁。由此 Wilson 推演到，女人气是一种堕落的政治、道德和社会状态，违背和颠覆了自负式的男性化特征，即勇敢、进攻、尚武的勇气、纪律和力量——这些都是构成爱国主义的美德。在 John Brown 的《时代礼仪和道德标准评价》(*Estimate of the Manners and Principles of the Times*(1757—1758))一书中也探讨了"上层阶级的奢华与女人气行为"的女人气观点。在《英国民族主义》(*English Nationalism*)一书中，Gerald Newman 认为女人气的威胁"将成为下一代人研究的热门社会话题"。

在 19 世纪，女人气的含义与之前有很大的差别。1895 年，当奥斯卡·王尔德(Oscar Wilde)被审判为"严重猥亵罪(gross indecency)"时，文学界普遍认为"女人气(effeminacy)"与男同性恋相关。根据酷儿批评家 Alan Sinfield 的观点，在此之前，王尔德的女人气行为和艳丽(flamboyant)的着装被认为是纨绔式的审美。王尔德作为前卫艺术家，用女人气嘲弄他所处时代的保守价值观，而与同性恋的品位无关。在遭到审判之后，王尔德的着装风格成为男同性恋的典型，采纳王尔德审美风格的男性也被认为是同性恋者。尽管"同性恋(homosexual)"一词直到 20 世纪初期才逐渐被人们了解，王尔德却成为男同性恋女人气的首个著名偶像，是 20 世纪同性恋文化中人们熟悉的形象。

如此小的词，揭示的实际含义令人惊讶。女人气不是指一个真正的女性，而是指行为方式像女性的男性。这个定义的关键是女人腔(womanish)，显然具有贬义。意味着，真实的生物性别和性别规范之间的矛盾转变为个性的弱点。决定弱点的唯一视角就是既定的社会性别/性别角色体系。男性中的女人气被从文化和政治上标志、解读和构成，即女人气与人们所处的历史和时代背景相关。此外，女人气也表明了社会对女人的看法和态度。

社会中普遍存在对女人气的恐惧，隐含了社会行为规范中对性别角色的要求。由于害怕被标签为女人气，很多男性在长大以后，无论是同性恋还是异性恋，选择职业时都避开具有女人气特征的行业，从事体育或机械等职业。一些男性经常放弃他们个性中与女性化相关的特征。

《性史》(*The History of Sexuality*，Volume 2)一书中，米歇尔·福柯(Michel Foucault)观察到，今天"不会将一个过度沉溺于女人的男性标记为女人气"。但是，在古希腊，将过度沉溺于自身(同性或异性的关系)的人看成是女人气，因为男性化特征中包含了"适度"的美德。在古希腊时期，"不适度与女性特征中的被动相关，即在面对愉悦的诱惑时，处于不抵抗状态，定位为柔弱和顺从"。因此，"刚健男性和女人气男性之间的区别不像我们今天从异性恋和同性恋之间的相对关系来区分，也不是从同性恋的主动和被动关系来区分"。女人气就是一个人允许自己有任何形式的不适度行为，女人气与不适度之间建立了对等关系。对古希腊成年男性公民来说，在参与城邦的公共生活时，有了女人气意味不能专心履行公共职责。

Randolph Trumbach 在 1989 年《The Birth of the Queen》一文中提出，18世纪初期，在英国 fop(花花公子)、dandy(纨绔)和 beau(喜修饰者)已经被molly(娘娘腔)替代。Molly(娘娘腔)是指一种对男性化的男性特别感兴趣的女人气男性。Trumbach 列举了一系列跨文化例证，认为在社会中 molly(娘娘腔)角色似乎成为一种桥梁，使二元性别角色趋向于一致。Trumbach 认为，在英国，由于 molly 的出现，引起了婚姻和家庭等结构问题上的广泛变化。这种变化带来了英国社会朝向性别平等的方向发展。因此，由于 molly 对具有霸权式男性气质的男性的喜爱，足以证明在男性中有十分女性化的男性和十分男性化的男性的区分。

酷儿批评学家 Alan Sinfield 在《The Wilde Century：Effeminacy, Oscar Wilde and the Queer Moment》一书中，研究了西欧女人气(effeminacy)的历史发展过程。他的主要观点认为女人气和同性恋之间的关系，被当代很多文化上升为自然和必然的关系，但这只是发生在非常近的年代。他从 17、18 和 19 世纪的欧洲文学中列举了很多事例，来解释他的观点。认为在过去三个世纪，女人气一词的含义发生了巨大的变化。起初，女人气一词表明是过多女性气质的多愁善感和情感。女人气男性的性对象是男性或女性，这基本上没有影响他的女人气。关键特征是他像女性一样有情感依赖。因此，在 18 世纪，男性往往被警告，少与女性接触，避免产生女人气。此时欧洲戏剧中一些人物形象，例如fop, dandy, beau 等，观众能轻易地理解为他们既是异性恋又是女人气。

Sinfield 认为，奥斯卡·王尔德(Oscar Wilde)在英国的公开审判是历史性的催化剂。一种理念永远定格在人们心目中,即女人气与同性恋男性联系在一起。与 Trumbach 不同的是,Sinfield 认为,在审判之前,由王尔德展示的颓废式女人气样式最多解释为异性恋的放荡,而不会解释为同性恋。将王尔德的女人气理解为同性恋行为,维多利亚时期性别和性别角色体系就不会受到威胁。尽管对其他男性怀有欲望的女人气男性遭到公众的谴责,但是它支撑了维多利亚时期的假设:异性恋的性别和性对象选择上是天然和必然的。

《Manhood in America》的作者 Michael Kimmel 认为,在美国独立战争(American Revolution)期间,女人气赋予了政治含义。美国男性面临着在女人气和刚毅、贵族和共和主义之间的选择。在 20 世纪早期,女人气变成了一种时尚的表示方式。1920 年代,在纽约市(New York City)流行脂粉气(pansy craze)的男性形象。

女人气和男同性恋之间的联系一直被认为是天然和必然,直到 1969 年的石墙骚乱事件发生之后,这种观念才开始发生变化。Martin P. Levine 在《Gay Macho: The Life and Death of the Homosexual Clone》一文中,对同性恋的男性化特征进行了研究。认为石墙事件之后,同性恋运动中激进派发起对性别/性别角色体系的挑战。在后闭柜(post-closeted)时期,同性恋者构造了一种激进的形象。一些同性恋解放论者认为,政治化的嬉皮士(hippie)男性,回避传统刚毅男性特征、保守欲望和现有体制,回避市场式"性"的快速买卖,崇尚持久的性关系。他们身穿"gender fuck"的服装,造型上混合了男性化和女性化的特征(胡须和裙装)。与之相反的是,同性恋改革主义者认为后闭柜时代,同性恋是"butch"式的反抗,他们可以和任何人、以任何方式、在任何时间发生性的关系。他们主动参与性交易市场,在同性恋酒吧、浴室和色情书店寻找性伙伴(cruising)和性交易(tricking)。大多数同性恋者认为改革主义者的"fuck"行为过于激进,因而采取了解放论者提倡的后闭柜时代的同性恋形象。

从以上各种论述可以总结出女人气的历史含义有如下几个方面:

(1) 一种对愉悦的消极自律倾向;

(2) 由于女性的玷污产生的道德缺失;

(3) 自愿成为性的目标对象;

(4) 在特定的性别/性别角色叙事中,解决紧张关系的方式;

(5) 采取被认为是"女性化"的着装和行为,作为表现自身的方式。

二、男性女人气的不同分歧

18 世纪,在英国同性恋男性被比喻为娘娘腔的男人(molly)和女人气的男人(Nancy-boys)。19 世纪后期和 20 世纪早期,社会普遍认为"小仙子(fairy)"就是同性恋男性的形象。20 世纪早期,在美国类似的词汇还包括 buttercup, pansy, she-man 和 androgyne。在现代,同性恋男性被比喻为 sissy, fairy, queen 和 faggot。

1895 年,奥斯卡·王尔德在英国受到审判,人们将同性恋与审美结合起来,以王尔德为代表的女人气被看成是审美性的女人气。同性恋男性与女人气和女人气的着装样式息息相关,成为男同性恋亚文化中的重要组成部分和精髓。

到底同性恋男性的行为达到何种程度是女人气,是一个主观性的问题,因为不同的文化、民族、宗教和种族都会对女人气有不同的定义。在城市中异性恋男性能够接受的行为,也许到了乡村就会认为是女人气行为。在城市中都市美型男(metrosexual)(异性恋男性对时尚和修饰以及其他同性恋刻板形象的追求)到了乡村可能被看成是同性恋的女人气行为。性别是操演,女人气行为根据场合和社会群体决定。甚至最女人气的个体在特定场合和特定环境中也是男性化的。一些男性同性恋在专业性场合或在家庭聚会上呈现出传统的男性化外貌,而在男性同性恋酒吧或其他性别偏离受欢迎的场合或容忍的场合呈现娘娘腔。这种变化的社会行为很难决定一个男性是或能够是娘娘腔。此外,定义一个男性是娘娘腔,没有客观标准,只是将他的行为与周边的男性进行比对来定义。

在欧美当同性恋亚文化处于藏匿阶段,女人气的表征策略具有多重功能。既是同性恋身份可视的唯一表达形式,也是进入同性恋亚文化群体的方式。在整个 20 世纪,是女人气使男性同性恋可见。直到 1980 年代,女人气为男性同性恋提供了重要的角色模型。

在 20 世纪早期的欧美,同性恋男性必须十足女人气,以便被其他男性同性恋识别。如果不是天然的女人气,就必须在走路、讲话、外貌上故意表现出女人气,甚至使用口红和化妆等,模仿女性。在 1920 年代,纽约的男性同性恋广泛采取女人气,使他们可见,吸引潜在的同性同伴。"尖叫皇后(screaming queen)"一词,形容女人气几乎使人达到精神错乱的程度,当然这是男性同性恋最视觉化的显现。

男性同性恋女人气作为一种生活实践,是对男性化角色和期待的一种活生生的批判。男性同性恋女人气的矫揉造作,如拔眉、涂口红、画眼睛、脸部涂粉和染发,肯定了性别角色是社会性建构,而非生物决定。在 1970 年代之前,男性同性恋有两种服装选择:公然采取女性化的样式,或者与所处时代大众接受的男性着装样式相一致。

尽管同性恋与女人气有着联系,但不是所有同性恋男性都将自己看成是"火焰般柴把(flaming faggots)"或者"尖叫的玛丽(screaming mary)"。有些人第一步把自己变成"小仙子(fairy)",制造明显的性别感官和性别差异的女人气外貌,待进入同性恋群体后就放弃这种形象,重新构造外貌。除了在"安全"的私人场所,现实生活中只有相对少的男性同性恋穿女性服装或跨性别着装。更多情况下,使用某种女性化物品或某种另类服装指代他们的身份。

对女人气的歧视使男性同性恋从异性恋男性中分离开来。换句话说,如果男性同性恋舍弃他们的阳刚气,喜欢女人气,那么异性恋男性就具备男性化特征的特权。即任何人都不会将女人气看成真实和合适的男性化行为。在欧美,男性同性恋女人气经常是人们谈笑中的笑柄,遭受社会的歧视,甚至因为不符合传统男性化特征而遭受威胁,乃至个人的安全。

在主流文化中,对女人气的负面态度也在某种程度上引入到男性同性恋文化中。保守的男性同性恋认为,过于女人气只能败坏名声,使异性恋者觉得整个同性恋世界都是如此。针对同性恋和女人气之间的关系,乔治·乔恩斯(George Chauncey)详细解释了在 1910 年代和 1920 年代纽约的酷儿运动(queer movement),此项运动是中产阶级男性同性恋对长期以来将他们与女人气联系在一起表示不满,认同他们自己是"酷儿(queers)",将他们与女人气男性区别开来。对于酷儿们来说,"queer"一词没有贬低含义,酷儿中不包含女人气,只是在性向上与正常男性有区别。酷儿们保留了一些词汇,例如,"fairies"、"faggots"和"queens",用来称呼那些他们瞧不起的具有女人气的男性同性恋。

"fairy"被用来比喻那些浓妆艳抹而不顾着装的女人气男性同性恋。因为"fairies"频繁地在男性同性恋群体中以最明显的形式出现,遭人讨厌,酷儿们不能忍受他们,觉得他们没有遵循同性恋的传统性别角色的价值理念。

Chauncey 认为,在同性恋历史上,一直存在男性化男同性恋和瑟瑟作响扭捏的女人气男同性恋的区分。不仅如此,在男性同性恋世界中,关于性别行为和身份与异性恋文化的二元化类似。男性同性恋将他们自身分为"butch"或"flamer"，"macho"或"queen"，这些个性身份名称有时不仅表达个性风格和偏爱，还是一种政治声明，表示自己与传统的性别分类不一致。

图 3.1　米克·贾格尔（Mick Jagger），1969 年英国海德公园（Hyde Park）音乐会

　　也有人对女人气的同性恋者持有称赞的态度，认为他们有很大的勇气反对社会普遍要求的性别角色趋同，反抗他人持久的敌意。在现代文化中，由于对女人气的敌意，在男性中很难有对女性化的肯定表征。但是也有一些知名人士和作家将女人气男性塑造成令人激动的偶像。1979 年，曼努埃尔·普伊格（Manuel Puig）的《蜘蛛女之吻》（*The Kiss of the Spider Woman*）小说，塑造了一个女人气男性莫利纳（Molina）的形象。

　　在一些情形下，女人气可以融入部分男性化特征，得以被人们接受。摇滚歌星大卫·鲍伊(David Bowie)和米克·贾格尔(Mick Jagger)偶尔采纳女人气样式,成为时尚和潮流的表演者而赢得商机。他们成功的部分原因依赖于他们采纳歧视男性同性恋的女人气的着装形式和女性的化妆。

《The Man Who Sold the World》封面照片上,大卫·鲍伊(David Bowie)身穿缎子裙装,留着飘逸长发,脆弱的姿势,唤起强烈的女性化感觉。这种装束是拉菲尔前派审美风格。在接受《Playboy(1979)》的记者 Cameron Crowe 采访时,Bowie 透露到,"足够有趣的是,你永远不会相信我,它是对 Gabriel Rossetti的拙劣模仿,略微有些歪斜。"

事实上,这件裙装的样式与 19 世纪后期美学运动中很多女性穿着的中世纪样式极为相似。但是,当他的唱片在英国出版后,Bowie 身着长衫斜躺在蓝色天鹅绒沙发上萎靡不振的形态引起一阵不小的骚动。当记者问他为什么穿裙装时,他回答到,"你应该明白这不是女性的裙装,它是男性的裙装。重要的事实是不必男扮女装。我想,我只是一个外太空野小子。我一直穿具有自身风格的服装。我设计它们。我不喜欢穿直接从商店里买来的服装。我也不是无时无刻地穿裙装。我每天变化我的服装,我不是一个反常的人,我是 David Bowie。"

图 3.2　大卫·鲍伊(David Bowie),1970 年《The Man Who Sold the World》唱片封面

图 3.3　Jane Morris 由 Dante Gabriel Rossetti 绘画。大卫·鲍伊模仿
绘画中的姿态，只是略微倾斜了点

三、奥斯卡·王尔德女人气形象

奥斯卡·王尔德（Oscar Fingal O'Flahertie Wills Wilde，1854 年 10 月
16—1900 年 11 月 30 日），爱尔兰剧作家、小说家、随笔作家和诗人。1871 年就
读于都柏林的三一学院（Trinity College），1874 年进入牛津莫德林学院
（Magdalen College），1878 年毕业。在牛津期间，他率先参加美学运动。毕业
后居住伦敦。1881 年，出版了他的第一部诗集，评论褒贬不一，1884 年与康斯
坦斯·劳埃德（Constance Lloyd）结婚。在他妻子怀第二个孩子的时候，受到时
年 17 岁罗伯特·罗斯（Robert Ross）的诱惑。

1891 年，王尔德的第一部小说《道林·格雷的画像》（*The Picture of
Dorian Gray*）出版，因其同性恋主题，受到社会广泛的负面评论。同年，他与阿
尔弗莱德·道格拉斯（Lord Alfred Douglas）发生同性恋关系，导致他人生的终
结。王尔德于 1893 年离婚，两年后，由于控告道格拉斯父亲在文字上的诽谤，
王尔德反而成为被告，罪名为"严重猥亵罪"，根据 1885 年的刑罚修正案
（Criminal Law Amendment Act），因鸡奸被判两年苦力劳动。释放后，前往欧
洲，于 1900 年 11 月 30 日在巴黎的阿尔萨斯（Alsace）旅馆因脑膜炎逝世。他的

讽刺诗、戏剧、著名小说《道林·格雷的画像》(*The Picture of Dorian Gray*),以及因同性恋行为被判刑和英年早逝等,被人们永久记忆。

图 3.4　1876 年,奥斯卡·王尔德在牛津,由 Hills 和 Saunders 拍摄

　　王尔德的唯美主义追溯到他 1870 年代在牛津的时光,在那里他深受沃尔特·佩特(Walter Pater,1839—1894)和约翰·罗斯金(John Ruskin,1819—1900)的影响。沃尔特·佩特,是英国著名文艺批评家、作家,19 世纪末提倡"为艺术而艺术"的英国唯美主义运动的理论家和代表人物,文风精练、准确且华丽,其散文和理论,在英国文学发展的历程中,具有很高的地位。佩特将审美感觉视作人生的唯一重要经验,认为它是摆脱庸俗的功利追求的重要手段,让"宝石般的强烈火焰一直燃烧"是人生的成功。也就是说艺术本身就是目的,艺术在人类神秘的感觉和经验之中。王尔德在牛津第一学期就阅读了佩特的《文艺复兴历史研究》,后来他回忆到,"这本书对我的一生产生了极大的影响",称之

为"金子般的书"。王尔德借助于佩特的教诲,创建了自己唯美主义自我表达的形象。

王尔德到莫德伦学院就读三周后,认识了英国艺术批评家罗斯金。因为王尔德选修了罗斯金的"佛罗伦萨美学与艺术学派"课程,成为罗斯金的学生。约翰·罗斯金是维多利亚时代艺术美学的重要代表、维多利亚时代实用艺术最积极的推动者。在美学领域,他批判地继承了在他之前的美学,同时还创立了自己的美学理论。罗斯金的理论贡献主要表现在实用艺术思想、绘画美学思想以及建筑美学思想三个方面。罗斯金的艺术思想认为,人的高尚情感和美好道德对优秀艺术的产生起着不可或缺的作用。艺术不因艺术本身而存在,艺术存在的最终目的是为人服务,美的终极目标是美化人的情感世界,提升人的精神生活。在罗斯金看来,不管是高级艺术还是实用艺术,都应该起到对人的改造和教化作用,使人懂得如何过健康的生活,提高生活的审美趣味。

王尔德深受拉斐尔前派影响,曾经用他们的绘画装饰他在伦敦泰特街(Tite Street)的寓所。拉斐尔前派艺术以自然和古典为主题,绘画中的模特都身穿简洁设计的长裙,这种风格对王尔德后来的着装理念产生了影响。

另一个对王尔德产生影响的是他在都柏林三一学院时的历史学教授John Pentland Mahaffy,他与王尔德一起去希腊和罗马考察,可以说是王尔德唯美主义思想的真正先驱。

1877 年,时年 22 岁的王尔德在参加格罗夫纳画廊(Grosvenor Gallery)的特别展时,身穿独特的、裁剪合体的夹克套装,从后面看如同手拿大提琴行走的样子,这是他首次在伦敦上流社会亮相,出席的贵宾中有威尔士亲王,他很快成为非传统着装的偶像。此行为说明王尔德清楚地知道服装和力量之间的关系,将自己以一种表演形式呈现给观众。这种表演形式是一种精心设计、直截了当的主体和客体之间的关系,主体拥有和控制样貌,定义客体所看的样貌。王尔德没有选择符合社会规范的服装,而是选择非传统性服装,直接地控制了公众的注意力。

王尔德是研究男性化特征的一个有趣主题。在其一生中,他不同程度地、不断挑战他所处年代的霸权式男性化规范。开始通过放纵言行和唯美主义,尝试挑战占主流的男性化特征规范,然后"厚颜无耻"地挑战维多利亚时代末期英国保守的男性化理念。这种变化体现在 1895 年王尔德的同性恋行为在公众面前曝光。王尔德的行为对维多利亚时代的理想、道德和社会规范构成了挑战，也就彻底改变了王尔德的男性化身份。

图 3.5　1877 年，王尔德身穿独特、裁剪合体的套装，参加格罗夫纳画廊特别展，
　　　　首次在公众面前夸张地展示自己

　　什么是男性化特征？在文化上没有固定的定义，它随历史变化而变化，有时相互矛盾。也没有一个独立的结构能够适用于每一个历史时期。但是，换个角度，从霸权（Hegemony）概念入手，可以帮助理解和分析男性化特征的含义。霸权男性化特征是指某个时代在文化上占主导的理想男性化特征。它由男性化行为的等级体系理念发展而来，具体体现为起主导作用男性化特征的模式，是对男性的一种社会压力。维多利亚时代末期的英国，一个合适的英国男性必须具备很多方面特征，例如，军国主义男性特征、强壮身体、良好健康、基督教道德、对国家的忠诚和爱国主义，其中遵守法律是男性化特征中的核心。与此相对的是，王尔德臭名昭著地挑战了他所处时代的社会、道德、政治和艺术价值观。换句话说，他没

有认同霸权式理念,通过他的夸张形象挑战和放弃了这种理念。

尽管王尔德的同性恋行为可以归结为对维多利亚社会道德和男性化特征的挑战,但另一方面,王尔德又通过对颓废和唯美主义的热爱表达了男性化特征。也就是说王尔德以一种非常独有的方式认同了霸权式理念。他的认同体现他接受了良好的教育,学术上取得了成就,以及他在 1884 年与康斯坦斯·劳埃德的婚姻。

相比较而言,王尔德对霸权男性化的放弃多于认同,具体体现在纨绔(dandy)式男性化形象。纨绔与维多利亚霸权式男性化特征大相径庭,纨绔放弃和批判所有霸权式男性化特征,迷恋于自我和无节制的生活。纨绔的女人气特征对国家既是挑战,又会带来问题,因为女人气关心自己、认同女性,而不是关心国家和爱国,王尔德的行为就是"无节制和堕落"的具体体现。

图 3.6　王尔德,于 1882 年由 Napoleon Sarony 拍摄

从牛津大学的学生生活开始,到 1895 年审判,14 年中王尔德的女人气从唯美演变为纨绔,他的同代人没有意识到他是同性恋,也就没有指责他,因为那时人们还没有现代同性恋男性具体的形象概念。王尔德的纨绔式女人气形象更多与阶级有关,而不是性向。以新兴中产阶级为主导,提倡男性化的纯洁、意志和责任。相应地,有闲阶级被定义为女人气的懒散和淫荡。有闲绅士沉溺于各种淫荡生活方式——酗酒、赌博、吸毒和挥霍,这只是放荡,而不是明显的同性恋。

由于霸权式男性化特征影响了对另类男性化结构的认知,将王尔德纨绔的形象与霸权式男性化对比,无疑王尔德对维多利亚时期英国的男性化范式提出了挑战。王尔德的女人气和唯美主义所表达的非主流男性化特征,引起了社会的广泛关注,以致将上流社会的堕落与女人气联系起来,也就进一步引起对王尔德挑战主导性男性化特征的批判。如图 3.6,王尔德故意呈现出女人气的男性化特征,这幅照片于 1882 年由 Napoleon Sarony 摄于纽约。他身穿夸张服装,摆出一副漫不经心、悠闲自在的姿势,表达他的唯美主义式男性化特征,以此希冀促进美国唯美主义运动的发展。如图 3.7,从这幅照片看,他没有像他同辈男性那样的长髯,也没有胡须。如果王尔德追求"臭名昭著"的女人气,那么无胡须具有明显优势。

图 3.7　王尔德,于 1882 年由 Napoleon Sarony 拍摄。绿色外套大衣,水獭(otter)毛皮领,与海豹皮(sealskin)圆形帽搭配

在维多利亚时代末期,谁是女人气男性,女人气的准确样式是什么？任何关于女人气的讨论都必然集中于奥斯卡·王尔德。此时大众媒体中,已经将王尔德塑造成公认的女人气男性,而王尔德自己也在很多著作中十分细致地描写了女人气男性。

Alan Sinfield 认为,女人气男性不是天生而是制造。在王尔德之前,女人气与同性恋无关联。就在王尔德站在审判席上的时候,人们将唯美主义女人气与同性恋形象联系起来。模糊的概念突然清晰明了,而且臭名昭著。王尔德为同性恋男性建立了最原始的形象——女人气、浓艳(flamboyant)、戏剧、唯美、纨绔、诙谐、迷人和非道德。

图 3.8　1882 年,王尔德在纽约演讲时的着装,由 Napoleon Sarony 拍摄

在王尔德被审判之后，人人都知道同性恋男性的具体形象。这种变化还引起了其他方面的变化——人们开始谈论同性恋。乌尔利克斯(Ulrichs)、艾利斯(Ellis)、弗洛伊德(Freud)等性学家开始从理论上分析它；英国国会判定它为犯罪；激进分子开始提倡它。也正是因为审判，更多的人从对自身身份的模糊状态转变清楚意识到自己是同性恋者。从 1900 年到 1970 年，王尔德式的行为是同性恋自我认同的最合理形式。

图 3.9 王尔德身穿膝盖长马裤，慵懒地斜躺在铺着熊皮毯子的沙发上，手中拿着诗集，1882 年于纽约，由 Napoleon Sarony 拍摄

1881 年，接受 D'Oyly Carte 的建议，王尔德去美国巡回演讲。1882 年 1 月 2 日，到达美国纽约。他精心准备、采用了极为炫耀形式的服装，吸引了公众的注意。他的服饰包括长到膝盖的马裤，漆皮舞蹈鞋，鞋尖装饰银色蝴蝶结、天鹅绒外套（灰色、棕色或紫色）、红色马甲、黑色（和其他色彩）丝绸长筒袜、花色领结、齐中分开的长发，灵感来源于印度和黑人服饰。在接受《纽约论坛报》(New York Tribune)记者采访时，王尔德身着棕色天鹅绒香烟夹克、棕色裤子、红色丝绸长筒袜、橄榄绿领结。在接受《水牛快报》(Buffalo Courier)采访时，王尔德身穿灰色长裤，浅黄褐色晚宴后(after-dinner) 夹克及相同色彩马甲。《芝加哥

日报哨兵》(*Chicago Daily Sentinel*)报道,王尔德斜躺在铺着熊皮毯子的沙发上,身着灰色裤子、鼠灰色天鹅绒香烟夹克、紫红色领巾,拖鞋上用金线刺绣着向日葵图案,周围用银色线刺绣百合花。这些套装构成了王尔德第一时期的着装。使观众为之倾倒,媒体竞相报道,也令广告商兴奋不已,广告上标语"Pants Down Again"。在美国期间王尔德经常在衣服驳头上佩戴向日葵花,漫画艺术家用向日葵花描绘他。

图 3.10　广告商以王尔德为广告

图 3.11

　　王尔德生活方式和文学上的颓废遭到了严厉的批评,认为他的唯美主义和回归自然是最不自然的。图 3.11 刊登在 1881 年讽刺性杂志《Punch》上,讽刺王尔德是一位审美家,将他比喻为美学运动的象征符号向日葵。漫画不仅讽刺了王尔德的个人外貌,而且讽刺了他的文学作品。

　　显然,王尔德知道一个人塑造公众形象的服装就是一种戏剧服装。他的服装赢得了公众的接受,助推了他巡回演讲的成功。王尔德认为,人们仔细地选择服装,意味着人们有能力表达和改变自身。因此人们穿着的服装有戏

剧服装的功能。王尔德自己就采用戏剧性的服装塑造他的公众形象,建立了
他的声誉。在牛津的时候,王尔德就开始留长发和穿奇异服装。他也是1890
年代第一个懂得商业炒作、并通过服装打造个性品牌的人,他就是一个自我
的表演者。

图 3.12　Keller 的漫画,刊登在旧金山《黄蜂》(Wasp)杂志上,描绘王尔德在1882年访问
　　　　美国的场景

　　在巡回演讲中王尔德不仅提倡唯美主义和奇特服装,还提倡着装中的实际
效用,例如他采纳了在美国矿工中普遍流行的披风。他认为披风既经济又有风
格,是最为漂亮的悬垂性服装。他强调男性和女性服装中简洁性,最为简洁的
服装,也是最漂亮的服装。王尔德独特的着装不是流行时尚,而是宣告他的品
位和作为吸引观众的策略。

　　1882 年,在王尔德的两次演讲"房子装饰(House Decoration)"和"房子美
(The House Beautiful)"中,他用对艺术的评论对服装进行了细致讨论。事实
上,他对服装的兴趣和关注不亚于对艺术的重视。他十分反对叙事性绘画,主
张艺术中的抽象。他认为艺术可以改变人感知的方法和对生活的追求,艺术作

图 3.13　王尔德,1882 年由 Napoleon Sarony 拍摄

品的形式要素,例如线和色彩,可以培养观者的美的感知,从而提高比较能力。王尔德关于着装的文章同样提出社会的变革,他认为服装和艺术一样,有增强和挑战现状的潜能。绘画能够影响观者的美学感知能力,使他们通过比较改变他们的道德视角,能够影响他们在服装穿着上对符合社会规范的服装提出质疑。

　　1885 年,王尔德写过一篇短文"穿衣哲学",发表在《纽约论坛报》(*The New-York Tribune*),但这篇文章一直不为学者所知。直到 2012 年,研究王尔德的历史学家 John Cooper 再次发现这篇文章,并收入 2013 年出版的《奥斯卡·王尔德的着装观》(*Oscar Wilde On Dress*)一书中。短文中王尔德讲道:"时尚是一种丑陋的形式,令人难以忍受,我们必须每 6 个月更换一次!"

　　"穿衣哲学"的重新发现,使人们可以重新评估王尔德,并且从年代和审美上帮助理解为什么王尔德将外貌作为他生活的中心。事实上,通过着装,王尔德在公众心目中创造了一位严肃艺术家的形象。

图 3.14　王尔德 6.3 英尺高,身体挺直,宽肩、长手臂。水手样式天蓝色蝴蝶结下垂至
胸,肩上长发,末端微微卷起,美国矿工样式披风

　　在发表了"穿衣哲学"一文后,王尔德担任了《女性世界》(*The Woman's World*)杂志主编,此杂志是伦敦女性美学理念的主要来源。1887 年,他预计女性时尚朝向男性风格发展。他说道,两性服装有着类似的追求,往往相互借鉴和吸收。20 世纪的着装将强调职业差异,而不是性别区分。

　　王尔德还是一个时尚激进主义者。他所生活的年代是女性时髦穿压迫性的紧身胸衣,使腰围达到 15 英寸的理想。他认为时尚不应该禁锢而是追求和解放女性的美。他说,我不在乎任何褶边,但是我十分在乎人体的奇妙和优雅。一件服装的美完全和绝对地依赖于它所遮盖的人体的美,体现人体的自由和运动,而不是阻碍。一件好的服装的形状来源于人体,随着人体运动产生褶皱。

　　王尔德认为,服装的选择就是个性的视觉符号,服装不能"体现"身份,只能在一个特定时间内"强调"人们展示的身份,使人们能够充分地表达身份。个性是"人的灵魂",需要不断地改变特征和观点,因为自我不是停滞而是变化,要不断地舍弃自我特征的某些方面。

图 3.15　王尔德的长发和男孩气息的丝绸长筒袜成为他的标志性样式。向日葵花是唯美
主义运动的装饰图式

　　1882 年 10 月，王尔德结束了美国旅行，回到英国伦敦。他脱掉了商业化的
唯美主义服装，脱去了蕾丝、天鹅绒和珠宝。模仿罗浮宫一座罗马雕像，剪短了
尼禄式发型（Neronian Coiffure）。马裤变成了长裤，舍弃了向日葵花配饰，穿上
了适合维多利亚时代绅士样式的黑色套装，即维多利亚时期男性的主导形象。

　　如果他继续穿在美国的演讲套装，社会将会视他为怪物。传统着装，搭配
异样细节，具有隐含的扰乱效果。即不平常的着装细节，将着装者定位于脱离
社会规范和传统，而裁制精良的传统套装，意味在社会中的地位，即在自身社会
中颠覆社会规范，而不是来自社会之外。

　　1892 年 2 月 20 日，就在《温夫人的扇子》（Lady Windermere's Fan）首次上
演的那个夜晚，王尔德和他的夫人在包厢里兴高采烈地看完了表演，观众席上
充满了来自时尚社会的人。王尔德的上衣上佩戴了绿色康乃馨，从那个夜晚开

图 3.16　短发,王尔德于 1883 年

始,直到王尔德审判,这种花卉具有了象征意义。王尔德安排了一个参加演出的演员在上衣的扣眼里佩戴了一朵绿色康乃馨。他还鼓励他邀请的朋友佩戴康乃馨,使部分观众与舞台上的演员一致。艺术家 Walford Graham Robertson 就是王尔德要求戴花的观众之一。Robertson 问道:"这花意味着什么呢?"王尔德回答道:"没什么,但就是没有人会猜到的。"王尔德的回答掩盖了他选择的象征性,显然不是偶尔选择这种花卉。事实上,此花由伦敦著名 Goodyear 花店提供。在谢幕时,伴随长久的掌声,王尔德抽着香烟,佩戴着绿色康乃馨走到舞台致了谢幕词。

在《不可儿戏》(*The Importance of Being Earnest*)中,塑造的人物 Algernon 也同样在衣服扣眼上佩戴了绿色康乃馨。1894 年 10 月 2 日,在给

图 3.17　1883 年,威廉·鲍威尔·弗里思(William Powell Frith)的绘画,描绘在"皇家学术美术馆"举行的知名美学运动成员画展的预展,其中包括王尔德和他的仰慕者。王尔德在画面右侧,个子比其他人高出至少半个人头,周围被一群女性包围。他的正前方有位身穿绿色外套的小男孩

《蓓尔美街报》(*Pall Mall Gazette*)主编的信中王尔德评论了绿色康乃馨与艺术的关系。王尔德用花卉表现的隐含意义,揭示了他的个人生活,佩戴绿色康乃馨是反对维多利亚时期的传统着装和价值观。这种绿色对王尔德来说,有几种颠覆性含义:爱尔兰人的爱国主义;迷幻的苦艾酒;作为社会少数人群和个性主义艺术家的象征。正如黄色象征王尔德认定的颓废运动,绿色诉诸于他的同情。

　　王尔德上衣扣眼佩戴的绿色康乃馨不是天然的。花商必须将康乃馨染成绿色。绿色不仅体现了他的性向,还体现了他对文学和艺术的观点。在颓废运动中,王尔德批判现实主义运动,提出自然要模仿艺术,而不是艺术模仿自然。王尔德坚信,艺术家不仅仅观察和模仿,需要想象和创造。生活和自然有时被

图 3.18　王尔德于 1883 年

用作艺术的部分原材料,但是,在它们真正服务于艺术之前,必须转化为艺术形式。王尔德声称自己是反现实主义文学中的颓废和象征主义。他赞赏象征主义的联想,词汇、色彩和图像赋予多重含义。在这个意义上,赞同非自然、创造和想象。因此,非自然色的绿色康乃馨象征着颓废、非自然和艺术家的创造。

图 3.19　王尔德于 1894 年

图 3.20 王尔德于 1900 年

图 3.21 王尔德佩戴绿色康乃馨

当然,绿色康乃馨的非自然性还有另一层含义。很大可能是王尔德有意将绿色康乃馨作为同性恋的徽章,识别同性恋的标志。"homosexual"一词在王尔德生活的年代被创造,但是,这个词仅是心理学家熟悉,一般大众并不熟知。同性恋被指"倒错",乌拉尼亚式的爱(Uranian Love),是非自然的缺陷。非自然色的绿色康乃馨可能是王尔德颂扬同性恋、蔑视保守社会的方式,因为同性恋被社会认为是病态,乃至犯罪。

那个时代的大多数人当听到非自然这个词的时候,首先想到的就是非自然的爱。在王尔德将绿色康乃馨作为时尚引入到伦敦以后,在巴黎的"倒错"人群中也产生了时髦。此外,早期的性学家也认为绿色是"倒错"者喜欢的色彩。

图 3.22　如今网络销售的绿色康乃馨胸针

Robert Hichens 在 1894 年首次以匿名方式出版了《绿色康乃馨》(*The Green Carnation*)一书,它是一本诽谤性小说。小说以 Oscar Wilde 和他的同性恋情人阿尔弗莱德·道格拉斯(别名 Bosie)为原型。书中讲道:"我们所指的绿色康乃馨是白色,将茎部放在一种叫做孔雀绿的苯胺染料水溶液中浸泡。染料通过毛细管吸收上升到花瓣,经过 12 小时,染色完成。时间越长,色彩越深。"

　　在王尔德审判和逝世之后,绿色康乃馨仍然与同性恋相连。1929 年,由 Noël Coward 创作了一首歌曲《Bitter Sweet》中的歌词就有"绿色康乃馨"。

　　正因为与同性恋的关联性,绿色康乃馨被用于更多场合。今天很多组织公开将同性恋社团与绿色康乃馨联系起来。一年一度的国际都柏林同性恋戏剧节采用绿色康乃馨作为标志。1895 年王尔德被抓时所在的宾馆(Cadogan Hotel)现在为顾客提供的包装袋上印有绿色康乃馨,以示追寻他在伦敦的脚步。

图 3.23　2013 国际都柏林同性恋戏剧节招贴

超男性皮革形象

构成超男性皮革形象的黑色皮革服饰包括：皮夹克、皮马甲（vest）、皮套裤（chaps）、背带（harness）、护腕（cuffs），以及其他一些物品，其中最重要的是皮马甲和皮套裤，它的整体外貌和表征呈现出刚健和严谨。皮革给人的视觉（sight）、嗅觉（smell）、感觉（feel）、味觉（taste）和吱吱作响声（creak），这五种感觉具有的魅力似乎表达了皮革的诱人魅力。

图 4.1　皮革套裤，1980 年代的皮革男

一、皮夹克与战争

男装中很多单品都与军队的历史有着千丝万缕的联系。从衬衫到外衣,有些就直接来源于军队的制服。还有很多服装汲取了部队制服的功能性、样式和设计。

投弹手夹克(bomber jacket)的起源可以追溯到第一次世界大战时期。那时,部队战斗机的驾驶员座舱是敞开的,飞行员十分担心高空的严寒分散他们的注意力,因此,他们需要有某种材料保护他们在飞行时足够温暖。为了解决这个问题,1915年,驻比利时和法国的英国皇家空军部队(Royal Flying Corps)给战斗机飞行员配置了长而厚重的皮革飞行外套。在那时,皮革被认为是适合严酷战争环境的最结实的材料。此时皮夹克意味着速度和冒险。

图 4.2　一战时期英国皇家空军飞行员皮外套

图 4.3　一战时期德国战斗机飞行员皮夹克

图 4.4　A-1 型皮夹克

　　不久之后，美国部队注意到这种夹克的保暖功能。1917 年美国部队建立了美国航空服装委员会(U. S. Aviation Clothing Board)，颁布了他们自己的飞行皮夹克样式，因此"投弹手夹克"诞生。1927 年，美国航空服装委员会推出 A-1 型皮夹克，1927 年 9 月 7 日颁布了各种级别军人的使用标准。

　　夹克采用羊皮，棉布衬里，羊毛针织克夫和底摆克夫，针织领子上有两粒钮扣，前身两个有袋盖的口袋，中间有 5 粒钮扣。底摆用揿扣。在二战期间 A-1 型皮还在使用，1944 年 9 月 29 日被正式更换。

图 4.5　A-2 型皮夹克

1931 年,美国陆军航空队（U. S. Army Air Corps)在A-1型皮夹克的基础上修改,颁布了新设计的投弹手夹克——A-2 型,及腰长度样式的夹克成为美国部队标准制服之一,这种夹克至今仍然很流行。厚的皮革提供了飞行员需要的温暖,但它的附加特征使它具有真正的差别。前门襟采用牢固的拉链,一直延伸到衣领,绢丝衬里,羊毛针织克夫,底摆也采用羊毛针织克夫,它与 A-1 型皮夹克的差别在于,用拉链替代了原来的钮扣和针织船员领,有些夹克还采用了毛皮衬里。二战时期的照片中普遍见之飞行员穿这种皮夹克,设计的总体思想是飞行员在飞行的时候尽可能少地有风进入身体。A-2 型皮夹克非常耐用,直到今天仍然有保存完好的那个年代的夹克。

海军军官很快有了自己样式的投弹手夹克,即 M44 型飞行夹克。两种夹克都采用马皮或海豹皮制作,导致对这两种皮的需求供不应求。后来,颁布了部队的标准投弹手夹克只能采用牛皮和山羊皮。

皮夹克有了各种变化。B-15 型采用毛皮

图 4.6 1939 年法国飞行员
棕色皮制服

领,胸前有两个袢,用于插氧气面罩,帮助飞行员飞上更高的高度。1940 年代和 1950 年代,B-15 型经过修改变成 MA-1 型,只是作了少许的修改,毛皮领改为针织领。

二战剩余的皮革制服被更多的人穿着,引起越来越多的人对皮革服装的喜爱。投弹手夹克从部队制服转移到民间。与此同时,男性穿皮革服装不再仅仅具有保护功能。从 1940 年代后期和 1950 年代早期,在"颇有男性气概的男人(He-man)"广告中,皮革显示了"酷"的形象。广告有这样的词语"确保你的帅气"和"马皮的美",这就表明皮革已经从重视它的保护功能转向重视它的外观,棕色皮革制服变成时髦的外套。

图 4.7　德国 U-boot 船员全身穿灰色战斗皮装

图 4.8　B-15 型皮夹克

图4.9 1940年代后期,皮革运动服广告,广告语:"He-man 先生,这是你的外套!(Mr. He-man, here's your coat)"

人们感受到皮夹克非常保暖,从秋天到冬天乃至仲春都可以穿着。1960年代后期到1980年代,投弹手夹克进入了时尚领域,同时被各种亚文化群体采纳。在欧洲、美国和日本,投弹手夹克从制服转变成叛逆的象征。

二、皮夹克与摩托车

皮革摩托夹克为什么会成为摩托群体衣橱里的主打单品?它的经典、永恒和精致,一切都来自于曼哈顿下东区。1913年,一位俄罗斯移民的儿子,名叫Irving Schott 和他的兄弟 Schott Bros 在地下室建立了一个工厂。他挨家挨户地销售他们手工制作的雨衣,衬里是羊皮,取得很大成功,商标取名为"Perfecto",以 Irving Schott 喜欢的香烟命名。到1920年,Schott 开始为摩托车手制作外衣。那时,摩托车才刚刚开始商业化,还没有广泛流行。Schott 介入摩托车领域是从与 Harley-Davidson 批发商合作开始,一件皮夹克的销售价仅有5.50美元。骑摩托是一种十分新的时尚,市场上找不到十分结实的服装用

于骑摩托。1925 年，Schott 创造性地将拉链用于夹克上。1928 年，Schott 推出
了广为人知的摩托夹克。拉链的主要功能是能够挡风，他创立了 Perfecto 品
牌，并流传至今。

图 4.10　1916 年，摩托车赛手，身穿皮革裤子和高帮皮靴

图 4.11　1920 年代后期，在荷兰摩托车比
赛获胜者，全身穿皮革服装

图 4.12　1950 年代早期摩托车手

　　时尚行业使投弹手夹克成为流行,普通民众有了不同于部队制服的飞行夹克样式。经过无数好莱坞明星的助推,皮夹克更加流行。皮夹克不仅象征了男性化特征,而且成为冒险、荣誉的象征,并赋予各种动人的传说。

　　很难想象,摩托车夹克竟然发展为"酷"和"叛逆"的象征。1953 年,在电影《飞车党》(The Wild One)中,马龙·白兰度(Marlon Brando)扮演了少年罪犯帮派首领 Johnny Strabler。电影故事取自于 1947 年美国加州的霍利斯特骚乱。马龙·白兰度身穿牛仔裤、T 恤、皮夹克和缪尔帽(Muir Cap),骑着一辆 1950 凯旋雷鸟 6T 摩托,引起了皮夹克的广泛流行,使 Perfecto 与摩托皮夹克牢牢地凝固在一起。学校禁止学生穿皮夹克,因为它象征粗鲁、叛逆的年轻亚文化。

图 4.13　马龙·白兰度斜依着摩托车,身穿摩托皮夹克和歪斜地戴着一顶时髦的摩托帽,下身穿 Levi's 501 牛仔裤,裤脚口卷起,黑色工作靴。等候着,使人难以忘怀身穿摩托皮夹克的坏男孩形象

图 4.14　詹姆斯·迪恩骑着摩托车,嘴里叼着香烟,比马龙·白兰度更有男性的阳刚气

两年之后,1955 年电影《无因的反叛》(*Rebel Without a Cause*)使詹姆斯·迪恩(James Dean)成为明星,加之接下来由于车祸导致 Dean 的逝世,在公众心目中,更加将速度、危险、叛逆和黑色皮革摩托夹克紧密地结合在一起。

三、皮夹克与摇滚

在 1950 年代,一个非常有影响力的摩托车手群体出现,即摇滚歌星。他们热爱摩托和速度,用一种十分英国的方式演绎了美国式的魅力,即与主流社会价值取向相背离的方式,就像摇滚音乐那样。

摇滚歌星通常围白色领巾,遮盖嘴和颈部,模仿一战时期飞行员的样式。摇滚的这种"正式"服装与 Levi's 牛仔裤搭配,也有很多人穿皮裤与皮夹克搭配。

摇滚运动影响力非常强大,不仅影响了公众对皮革的看法,而且影响了后来包括 1970 年代的朋克在内的年轻亚文化群体。黑色皮革的男性化摇滚形

图 4.15　黑色皮革和白色领巾,摇滚人的着装

象、他们的生活方式和他们的象征被不同时期的不同群体所模仿。同样,他们的形象和所表现的男性化特征也影响了男同性恋群体。男同性恋者仔细地模仿摇滚的男性化形象,包括袜子翻转到靴子的上口和白色领巾。

图 4.16　皮夹克与皮裤搭配成为很普通的着装

图 4.17 1950 年代和 1960 年代摇滚形象

图 4.18 白色袜子翻到靴子上口

图 4.19　1956 年伦敦摇滚俱乐部

　　1950 年代和 1960 年代摇滚没有太多的差别。1970 年代,越来越多的流行音乐歌手开始穿黑色皮夹克。"华丽摇滚(glam rockers)""朋克摇滚""硬摇滚",他们都穿黑色皮革,模仿 50 年代英国摇滚运动。

图 4.20　村民乐队

创建于 1970 年代的经典男子演唱组合村民乐队(The Village People)
(图 4.20),其成员分别装扮成警官、印第安酋长、建筑工人、士兵、摩托车手、牛
仔和犹太神父(Judas Priest),借用皮革文化中的一些装饰标志,来增强他们在
舞台上的视觉形象。

四、塑造超男性皮革形象先驱

1. 英国摄影师 Tom Nicoll

塑造超男性皮革形象的先驱是英国摄影师 Tom Nicoll,他在 1950 年之前
开始皮革摄影,是第一个雇佣模特儿穿着皮革服饰摄影的摄影师。他命名的
"Scott"摄影室设在皮革巷街(Leather Lane Street),在那里他拍摄的肌肉型男
性与摩托车形象很受欢迎,他很擅长用光。即使现在来看,他的皮革摄影仍然
相当美。1963 年,Nicoll 将他的工作室搬到了旧金山,一年后,他停止了摄影,
并关闭他的摄影室。

图 4.21　1950 年代由 Tom Nicoll 拍摄,皮革短裤、背心和帽子

图 4.22　1950 年,由 Tom Nicoll 拍摄,黑色皮革牛仔裤,黑色皮夹克和摩托车

图 4.23　皮革裤子,肌肉型男性化特征,由 Tom Nicoll 拍摄

2. 芬兰·汤姆

芬兰·汤姆,或称芬兰的汤姆,英语 Tom of Finland(1920 年 5 月 8 日—1991 年 11 月 7 日),真实名字为托科·拉克索宁(Touko Laaksonen),生于芬兰卡里纳,是一名性崇拜幻想艺术家,他的同性恋艺术作品对 20 世纪下半叶的同性恋文化产生了很大的影响。1956 年,拉克索宁向美国颇有影响力的杂志《体格画报》(*Physique Pictorial*)投了一些同性恋色情绘画作品,获得发表,并署笔名为汤姆,因为"Tom"与他的名字"托科(Touko)"相似。杂志编辑将"Tom"改成"芬兰·汤姆"。

1940 年代,芬兰·汤姆已经迷恋皮革,最初穿棕色皮革,在那时是摩托车手或部队男性穿着的样式。他的早期作品显示男性穿着靴子,有时穿皮夹克。

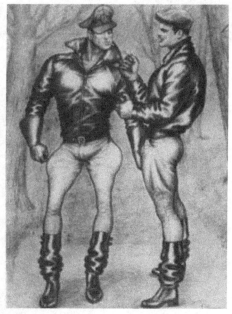

图 4.24　芬兰·汤姆的早期作品,左图画于 1947 年,右图画于 1954 年

图 4.24 左图是芬兰·汤姆的 1947 年作品,画面里没有皮革痕迹;右图是 1954 年作品,作品中已经出现了男摩托车手身穿皮革服装,但不像早期飞行员和摩托车手穿着的棕色皮装。

图 4.25　左图是 1957 年春《体格画报》封面，右图是 1957 年春《体格画报》第三页

图 4.25 中两幅图是芬兰·汤姆发表在 1957 年《体格画报》春天期刊上的作品。Nicoll 在芬兰·汤姆之前发表男性身穿皮革的摄影作品，故一般认为 Nicoll 对芬兰·汤姆的皮革男性形象产生了影响。由于《体格画报》编辑 Bob Mizer 的引见，他们两人相识。1957 年夏，当芬兰·汤姆访问伦敦的时候，Nicoll 劝说他购买了一件黑色皮夹克。Nicoll 还建议芬兰·汤姆使用人体模特，而不是仅凭想象。

在四十多年间芬兰·汤姆画了约 3 500 张插画，显著特点是显示性的第一性征和第二性征：强壮肌肉的躯干、四肢、臀部及现实中不太可能有的硕大生殖器。紧身或者脱下衣服的某个部位，用来表现这些特征，如生殖器经常激凸地包在紧身裤子当中展示给观众。

在第二次世界大战后，至 1970 年代末及 1980 年代初，即在同性恋群体中出现艾滋病前皮革文化达到了高峰。这段时期，很多男子采取的服装、造型及举止都是直接来源于芬兰·汤姆的作品，例如村民乐队的 Glenn Hughes。在 1980 年代中期，尽管不再流行模仿芬兰·汤姆绘画中的皮革着装风格,但芬兰·汤姆的作品仍然广泛地在各种出版物、酒吧、夜总会以及网上的情色主题社区出现。

在 1970 年代后期,时装设计师维维安·韦斯特伍德(Vivienne Westwood)以芬兰·汤姆的绘画作品制作了以"性"为特征的 T 恤,T 恤由性火枪手乐队的席德·维瑟斯(Sid Vicious)做模特,成为朋克历史进程中标志性的一页。

3. 彼得·柏林

Armin Hagen Freiherr von Hoyningen-Huene,是 60 年代、70 年代和 80 年代男性性感偶像,但人们熟知他的舞台名字彼得·柏林(Peter Berlin)。齐眉的金色长发、精瘦而完美的身材、勾勒出身体曲线的紧身长裤,彼得的这些标志性特征,应和西方 70 年代初的性解放运动,将同性恋形象深入到每一个人的脑海中,甚至成为一种标准。从表面看他似乎是同性恋的色情偶像,但是在色情外衣的表面下,彼得·柏林更是点燃了一种寻求自由的叛逆精神。

1970 年代,彼得·柏林主演了两部色情电影《黑色皮革之夜》(*Nights in Black Leather*)(1973)和《*That Boy*》(1974)。电影的特殊之处是由对皮裤拜物的人制作,当时皮裤在美国很少见。彼得·柏林的形象吸引了一大批艺术家的注意,Robert Mapplethorpe 和 Andy Warhol 采用他的照片,芬兰·汤姆以他的照片为模特,彼得自己也是一位专业摄影师,拍摄了很多自拍像。他的自我肖像刊登在同性恋杂志的封面,为男同性恋定义了一种新型的男性化特征。

4. 罗伯特·梅普尔索普(Robert Mapplethorpe)

罗伯特·梅普尔索普(Robert Mapplethorpe,1946 年 11 月 4 日—1989 年 3 月 9 日),美国摄影师,擅长黑白摄影,他的作品主要包括名人摄影、男人裸体、花卉静态物等。60 年代末及 70 年代在纽约,他以 SM 为题材拍摄了捆绑与施受虐的作品。这些同性恋的作品被看成是备受争议的艺术作品。1989 年梅普尔索普因艾滋病在美国波士顿逝世。梅普尔索普的《安迪沃霍尔》(1987 年)是排名第 18 的世界最昂贵摄影作品。梅普尔索普没有回避自己的同性恋身份,他还明确地把自己的作品归结为同性恋文化中的一部分。

图 4.26 彼得·柏林,1970 年代皮革男偶像

图 4.27　1980 年,罗伯特·梅普尔索普的自画像,源自罗伯特·梅普尔索普基金会
(Robert Mapplethorpe Foundation)

图 4.28　皮革裆(1980 年),源自罗伯特·梅普尔索普基金会

都 市 美 型 男

都市美型男(Metrosexual)是一种新型异性恋男性的理想形象,被认为是颠覆了传统上对男性的观念及期望。他们与同性恋男性有相似之处,或者说受到了同性恋男性的影响。他们十分注重自我,注重外貌给人留下的第一印象,借助服装和化妆品等产品作为一种获得理想外貌的手段。他们十分关注不同产品信息,喜欢购物,甚至享受购物。他们成为服装和化妆品行业的重要消费者,越来越多的产品专为他们生产和研发。正如 Rohlinger 认为,"都市美型男是完美的男性形象"。

一、都市美型男特征

1994 年 11 月 15 日,英国作家兼社会评论家、同性恋者马克·辛普森(Mark Simpson),在英国《独立报》(The Independent)上撰文"镜前男性"(Here come the mirror men)。这是首次在新闻媒体上看到"都市美型男(Metrosexual)"这个词。

接下来 6 年中,此词未被人提及,一直处于沉寂状态。直到 2002 年 7 月 23 日,马克·辛普森重温了"都市美型男"一词,在美国广受欢迎的在线杂志(salon. com)上发表了一篇题为"相遇都市美型男(Meet the Metrosexual)"的文章,列举贝克汉姆是都市美型男的杰出代表,有 25 000 人通过 Google 点击了 http://archive. salon. com网站。

2003 年 6 月 22 日,Warren St. John 在《纽约时报》(New York Times)上刊登了题为"都市美型男出现(Metrosexuals Come Out)"的文章。

2003 年 6 月，广告代理机构 Euro RSCG Worldwide 发布了一份题为"都市美型男：男性的未来？（The Future of Men）"的调查报告，证实男性消费者的消费模式确实在变化。都市美型男的年龄跨度扩大到 21 岁至 48 岁，他们不再以传统男性的追求作为人生目标。

此后大量报纸、杂志和电视连续剧大肆报道或讲述都市美型男，使媒体的争论达到高潮。尽管批评多于夸奖，但此概念在媒体的盛行，其重要性在于当今社会有了一种新的男性性别角色概念，正是这种角色的存在极大地影响男性的消费行为，甚至是疯狂消费。

当马克·辛普森创造这个词汇时，他从未想到它会被媒体、时尚和化妆品行业的广告广泛使用。这三种行业在传播这个词汇时起到了非常大的作用。

在牛津或剑桥英语词典里还未找到"都市美型男"的准确定义，而网络在线词典可以找到很多种解释。例如："都市美型男"是指城市中具有很强美感、花费大量时间和金钱在外貌和生活方式上的男性。"都市美型男"是指个人对时尚和风格的敏感性，而不是他的性向。

"都市美型男（Metrosexual）"，由 metropolitan（大都市）和 heterosexual（异性恋）两个词复合而成，也有人认为是"homosexual（同性恋）"的后缀。暗指这种男性尽管是异性恋，但他们具有同性恋男性的美感。另外，sexual 或 sexuality 也可以解释为"性"或"性向"。

但是，这个词仅仅指这样的男性：1)正常男性或异性恋男性；2)喜欢同性恋风格；3)居住在城市；4)拥有极强的美感并且花大量时间及金钱在外貌和生活方式上。特别注意修饰，对生活细节一丝不苟，近乎完美。

一贯以来，普遍认为同性恋男性关注身体和审美，异性恋男性关心自己的事业。而都市美型男被定义为关心美和外貌，但不涉及性向。即他们不是根据性向、性别角色等传统的内在指标，而是根据外在形象指标获得自我认同。因此，都市美型男不适合传统男性化特征分类，被划分为新型男性。

可用如下行为比喻都市美型男：

(1) 他总要带钱包，在路过豪华商店时肯定要购买物品。

(2) 他有 20 双鞋子、半打太阳镜、半打手表。

(3) 他注重发型师，而不是理发店。

(4) 他可以为女性做羊腿、意大利调味饭晚餐和鸡蛋本尼迪克早餐。

（5）他只穿 Calvin Klein 的腹肚内裤。

（6）他不仅仅剃脸部胡须，还去脸部角质和涂抹保湿水。

（7）他永远不会购买一辆皮卡。

（8）他不能想象哪天不用定发型的产品。

（9）他喜欢喝葡萄酒，而不是啤酒，但他总是首先寻找房地产和古董。

（10）他若被同性恋者注意到了，感觉得到了奉承（甚至是骄傲），但他仍觉得与另一个男性过分亲密有点令人厌恶。

根据以上描述，可以总结，都市美型男是城市或大都市的男性，他们的生活方式与传统男性不同。他们具有"资产阶级"的某些特征，或者是变化了的"雅皮士"——城市中年轻或有发展前途的职业人士。

都市美型男（Metrosexual）可以是你我身边的普通男人，尤其年轻男性。他们有同性恋男性的敏感，但仍然是异性恋。他们会穿衣服，喜欢时尚、知道什么是时髦。他们喜欢购物，陪女人买衣服非常投入，评头论足，完全互动。他们是美食家，自己会掌勺。最重要的是，他们是优秀的聆听者，可以聚精会神听女人痛诉恋爱悲剧，还可将肩膀慷慨借出。

图 5.1　都市美型男拔眉

都市美型男是一种由西方现代性模式和个性化发展而来的社会模式，是在城市扩展后的新型城市中产生，受全球化影响。不仅出现在发达的西方社会，也出现在发展中国家。没有人能否认这种新的潮流，它通过媒体、电影、网络和社会交流传遍世界各地,是人类文明进步的典型,对社会经济和消费,以及时尚潮流产生了很大的影响。

图 5.2　都市美型男使用发胶

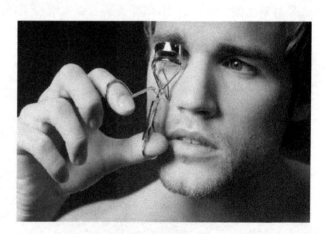

图 5.3　都市美型男化妆

二、都市美型男的主要论述

1.《镜前男性》[*Here come the mirror men*,马克·辛普森,1994 年 9 月 15 日,英国《独立报》(*The Independent*)]

都市美型男,单身年轻男性,有较高的自由支配收入,在城市居住或工作(因为那里有最好的商店),也许是此年代最有潜力的消费者。1980 年代,我们只能在一些时尚杂志,例如 GQ、Levis 的牛仔广告、同性恋酒吧中找到这样的人。在 1990 年代,到处都有这样的男性,或到处都能看到他们正在购物。

他们使用大卫·杜夫(Davidoff)的"Cool Water"须后水(广告中在海边一名裸体的健美男性),所穿的服装包括:保罗·斯密斯(Paul Smith)套装[以瑞恩·吉格斯(Ryan Giggs)为模特],埃尔维斯·普雷斯利(Elvis Presley)曾经穿过的灯芯绒夹克,史蒂夫·麦奎因(Steve McQueen)曾经穿过的斜纹裤,马龙·白兰度(Marlon Brando)曾经穿过的摩托靴和 Calvin Klein 内衣(广告中迈奇·马克(Marky Mark)只穿短裤,几乎裸露)。都市美型男是一个典型的拜物主义者:一位男性物品的幻想收藏家,专门购买以他们为目标消费群的广告中推广的商品。

图 5.4　海边躺着的健美裸体男性,大卫·杜夫 Cool Water 广告

图 5.5 瑞恩·吉格斯,1992 年

图 5.6 1960 年,埃尔维斯·普雷斯利在"Elvis is Back"唱片的封面所穿灯芯绒夹克

图 5.7　史蒂夫·麦奎因身穿斜纹
棉布裤(chinos)

图 5.8　马龙·白兰度所穿皮靴

图 5.9　迈奇·马克为 Calvin Klein 拍摄的男性内裤广告

　　都市美型男背后最大的利益所在是巨大的生意,因为他们是新型资本市场贪婪欲望的创造者。传统异性恋男性是消费世界里最糟糕的消费者,他们所购买的物品就是啤酒、香烟和偶尔购买杜蕾斯(Durex)避孕套,妻子或母亲购买其他所有一切。在消费主义世界里,从异性恋男性那里没有希望受益,异性恋男性必须要被都市美型男替代。

　　都市美型男的提倡者就是那些男性风格的媒体和杂志,例如《The Face》《GQ》《Esquire》《Arena》《FHM》,新媒体在 1980 年代逐步繁荣,而且还在不断发展(《GQ》每个月有 10 000 名新的读者)。都市美型男的形象充满时尚杂志,他们是年轻男性,穿戴时髦服装和饰品。他们说服其他年轻男性带着嫉妒和欲望的情绪向他们学习。

　　异性恋者质疑这些杂志是否符合传统,但是,杂志迫使读者相信都市美型男的非男性化激情事实上是男性化的。尽管如此,都市美型男反对传统异性恋男性的基本承诺——女性被凝视和男性凝视女性。都市美型男可能喜爱女性,也可能喜爱男性,但是,说到底是喜欢他和他自身镜像之间的男性。

都市美型男市场从已取得巨大成功的同性恋男性市场借鉴经验。"男性的世界(Man's World)"是第一个展示男性时尚的商店,已经是第三个年头了——同性恋生活方式展示(Gay Lifestyles Exhibition),就像是时尚发布和全套男性产品展示,对80年代同性恋生活方式的迷恋——居住在大都市的单身男性,对待自身如同他热爱的物品——成为非同性恋男性的灵感来源。

典型的都市美型男是年轻男性,有钱可以花销,居住在大城市,或者居住的地方能够轻易到达大城市——因为大城市有最好的商店、俱乐部、健身房和发型师。他也许是真正的同性恋者、异性恋者或双性恋者,但是,这些全然不重要,因为他把自己作为爱的对象,其愉快程度不亚于他的性向。模特或服务生等一些职业、媒体、流行音乐和体育运动,比较吸引他们,但是男性美容产品和疱疹相关产品,几乎随身携带。

传统的生产只局限于异性恋形式,现在已经被消费资本主义摧毁。禁欲、克己和谦逊的异性恋男性没有很多购买活动(他的角色是挣钱给妻子花费),因此,他必须被一种新型的男性替代,不注重自己的身份,而是更多地关心被凝视(因此,只有那样,才能肯定自身的实际存在)。换句话说,是一位踏着梦想的广告人。

从这篇文章可见,年轻的都市美型男与大都市结合在一起,因为,大都市就是一面镜子,男性可以显露自己和攫取别人的注意。

马克·辛普森将这篇文章收录于他的散文集《It's a Queer World:Deviant Adventures in Pop Culture》(London,1996;New York,1999)中,并将题目改为"Metrosexual:Male Vanity Steps Out of the Closet"。

2.《Male Impersonators:Men Performing Masculinity》(马克·辛普森,New York,Routledge,1994)

几乎不用说,90年代男性,在镜前凝视自己,没有表现出害羞之意——一些女孩曾经被那些正在打扮的兄弟锁在浴室里问这问那。这种关注自我的方式已经不再私密。在高街(High Street)的服装商店里,到处能看到镜前试衣的男性,看到理发店镜前正在聚精会神地检视新发型的男士,而他的父亲也许正关注着足球比赛的结果。在健身房和体育馆,在全身镜子前,他自在地抚摸他的身体,发现自己的体型很有吸引力。

倘若不是在镜前,会在美体用品商店找到他,他准是在寻找那些能够使他在浴室镜前显个子高的商品。剃须工具(电动的、刀片的和一次性的)和一些辅助物品(起泡、凝胶、面霜、剃须前后使用的香油、须后水和古龙水);头发产品(香波、护发素密封剂、热油、凝胶、摩丝和润发油);香皂(医药、低过敏、添加维他命 E)和清洁剂、收敛剂、湿润剂、抗皱纹面霜、眼霜和除臭剂(有香味和无香味,喷雾、棒型、凝胶和球型)、牙膏、牙齿漂白粉、牙线甚至化妆品。所有这些都自豪地标记为"男性"或"男士",避免那些不时髦的男性误认为"女性产品"。

3. 《Metrosexual Guide to Style》

迈克尔·弗洛克(Michael Flocker)于 2003 年撰写了一本题为《都市美型男风格指导手册》(*Metrosexual Guide to Style*)的书籍。

迈克尔·弗洛克声称此书没有意图改变传统男性的性别角色操演(performtive),而是描述方法,即对一种已经发生的、回归自然人状态的变化描述。在书中他反复使用"真实(authentic)"概念,认为都市美型男选择了一种"真实"的生活方式,表述男性的自身本质。弗洛克认为,在时尚领域以一种自我表达方式的穿着:"如果你想成为午夜的牛仔,尽管去做。关键在于有意识地做出决定,得以引人注意,而不是简单地穿得令人反感。如果你想通过时尚的表达给别人留下深刻印象,只需略微选择艳丽的东西。"弗洛克反对男性性别角色操演,他没有谴责装扮得像性别模糊的同性恋者,例如他举例午夜的牛仔。他主张男性的着装应该更加中性,"避免滑稽"。他提醒说,"挑选那些最适合你的样式。"这里,"你"的性向是中立的,或者至少性向是无关紧要的。

在《都市美型男风格指导手册》中,作者从行为举止方面提出很多劝告,即要有好的行为和好的品位。他说:"无论你居住在纽约的顶层豪华公寓,或者在海边的小拖车房,世界就在你的指尖上,你有责任去探索它。"都市美型男显然要避免暴力,因为暴力是传统男性化特征。

都市美型男特征之一就是超出性别范式,他知道他是谁和他想要什么。弗洛克认为不需要非得通过对别人摆架势或威胁别人来定义他的男性化。

都市美型男知道,为了他自身舒服,他要容忍别人的行为。异性恋、双性恋或同性恋,或其他什么,都与他无关,当然,除非他对那个人很感兴趣,需要了解他/她。

"指导手册"提倡非暴力方法,是不威胁他人的男性化表达方式之一。在接受多种操演和对性向作悬而未决的判定后,弗洛克的都市美型男关于操演问题有些混乱。他认为,异性恋不等于看上去像传统男子汉意义上的异性恋,但是都市美型男的男性化无论如何都与异性恋男性联系在一起。

"指导手册"中讲到,"都市美型男的男性化气质是安全的,他不必再花费他的生命去防卫,他可以选择。性革命是老生常谈,新型男性可以自由享受他的单身生活和年轻带来的吸引力。如果他结了婚,也可以选择,而不是非得选择,时尚化的兄弟们开始摧毁隔离异性恋与同性恋的墙壁",意即男性可以努力装扮自己的外表,不必妥协他们的性向,更勇于接受自己。

4.《Meet the Metrosexual》(马克·辛普森,Salon,2014 年 7 月 30 日)

图 5.10　贝克汉姆

马克·辛普森认为,贝克汉姆的开放思想,无疑在非常男性化的足球体育活动中,改变狭隘的男性化态度起着重要作用,他为更多都市美型男树立了榜样。在《Meet the Metrosexual》一文中,马克·辛普森写道:

"大卫·贝克汉姆(David Beckham),英国足球队队长——很可能是世界上最著名和最上镜的足球运动员——今日,就在出发远东之前,在英国同性恋时尚杂志上摆着姿势。

因此,你可以想象其高声呼喊的声浪。英国勇敢的男性竟然在脂粉气的杂志上打扮得女人气? 事实上,除了在一些小报发出了可预测性偷笑声,大家的感受是没有什么感觉,这完全是英国公众的期待。

正如大家熟知,'贝克'经常穿围裙、涂粉色指甲油和穿他妻子维多利亚(Victoria,又叫辣妹 Spice Girls)的短衬裤闻名,每周他都修剪成怪异的发型,在《Esquire》杂志的封面上摆出涂抹油的裸体姿势,给人留下的深刻印象不亚于他在球场上显示的超凡球技给人们留下的印象。他也许是、也许不是世界上最好的足球运动员,但他绝对是一个国际性标准的自恋狂,就是那种至少在北美世界,一直称之为'娘娘腔(sissy)'的那种样式。"

图 5.11　1998 年贝克汉姆在法国南部被拍到身穿设计师高提耶设计的围裙,太阳报刊
　　　　登了这幅照片,标题为"Beckham has got his Posh frock on"

"在接受英国同性恋杂志采访时,两个孩子的父亲——贝克汉姆,坦白地承认他是一位异性恋者,但是,他承认他很乐意成为同性恋的偶像,他喜欢被人羡慕,他说他不在乎被男性还是女性羡慕。

我相信,所有的这一切都是非常现代和进步的,贝克汉姆豁达和自恋式的行为无疑有助于改变某些——我们怎么说呢? ——单纯的态度,即要求男性非常男性化、坚强的、仍然是工人阶级式的行为。但是,我认为,我有责任告知你,贝克汉姆坦然承认他是一个明目张胆的表现狂,他没有完全诚实地告诉我们他的性向。

我觉得我有责任让这个世界知道大卫·贝克汉姆,世界上成千上万年轻男性的偶像,成千上万年轻女性的梦中情人,不是十足的异性恋。不是!女士们、先生们,这位英国足球队队长竟然是一位令人惊愕的、引人注目的、火焰般的、十足的都市美型男(他有一天会为我这样做而感谢我,因为他不必非得亲自告诉他的母亲)。"

文章说明了从外表上贝克汉姆不足以是纯粹的异性恋者。作者实际上表明,贝克汉姆不能是一个异性恋者,因为他如此讲究穿着和修指甲。他喜欢被看,很多男性和女性喜欢看他。人们只需要瞥一眼他的照片——有魅力、很好修饰、时髦、漂亮,在照相机前轻松自如,似乎享受自身。他不仅被女性也被男性所尊崇,追捧他的外貌、修饰和领先潮流的服装样式。

尽管有很多著名的都市美型男模特,例如好莱坞演员:布拉德·皮特(Brad Pitt,《搏击俱乐部》)、多米尼克·莫纳汉(Dominic Monaghan,《指环王》三部曲)、乔治·克鲁尼(George Clooney,《逃狱三王》)、托比·马奎尔(Tobey Maguire,《蜘蛛侠》);体育明星:澳洲游泳运动员伊恩·詹姆斯·索普。但贝克汉姆似乎是最为频繁地作为都市美型男的偶像。原因有三点:首先,也是最为重要的,一方面,他有高超的踢足球技能,这种运动深受男性的喜爱;另一方面,他经常穿着时髦帅气的服装出现在杂志的封面上。其次,他完美地表明他是一个自恋者,因为他是男性化妆品、服装甚至他自己贝克汉姆香水的代言人。再次,由于他精湛的足球技能,使他成为极其富有的人物,足以支撑他买得起他想要的物品。最后,他将都市美型男与体育文化联系起来。

三、都市美型男与纨绔

男性关注女性时尚和修饰容貌不是现代男性才有的事情,它可以追溯到维多利亚时期的通心粉(marconies)和纨绔(dandy)。事实上,纨绔与都市美型男有很多相似之处。纨绔是指 18 世纪后期和 19 世纪初期的一种十分注重身体外貌的男性。这个词汇起源于英国和法国,为人熟知的纨绔是拜伦(Lord

Byron)。今天也许将纨绔称为都市美型男。除了特别关注他的外表以外,纨绔还相当仔细地考虑他使用的语言。他只使用精炼语言,集中于高雅休闲活动,例如去剧院或读书。这些男性企图模仿贵族的生活方式,十分关注他们的服装和发型。Thomas Carly 定义纨绔男性为:"指着衣的男性,他的交易场所和存在就是由穿着的服装构成。他的灵魂、精神、追求和容貌英雄般地将他明智和精致的着装封为唯一神圣之物,因此,其他人为了生活而着装,他是为了着装而生活。"基于对纨绔的这种描述,明显地,甚至在 200 多年前,就有几乎着迷于他们的外貌的男性,他们希望毫无疑问地被凝视。

马克·辛普森承认,现代都市美型男与 18 世纪的纨绔(dandy)有类似之处,他认为两种风格的原型由于他们所处的不同年代有显著区别。纨绔体现精英群体,证明他们的富有和精致的品位,而都市美型男则是一种"主流性、大众消费的现象"。

在纨绔和都市美型男之间有很多相似之处——他们两者都适合被描述成为了着装而生活,他们喜欢被其他人凝视,或者两者都关注他们的外貌,特别是他们热爱服装和展示自己。但是,他们重要的差别在于体育运动。纨绔没有找到特别感兴趣的体育运动项目。Oscar Wilde 声称,"足球对粗鲁的女孩来说是一项很好的游戏,但是不适合纤弱的男孩"。因为纨绔男性认为,体育有些粗俗、不精致,而对都市美型男来说,体育是关键。一个典型的都市美型男应该是因为体育而身体健壮。事实上,都市美型男的特征之一是体育型,这就使得这两种类型的男性有很大差异。

都市美型男希望具有吸引力,这种愿望使他们以强健身材为美。为了取得肌肉型身体,他们需要刻苦锻炼,体育是取得强健身体的唯一途径,因而他们将体育作为他们生活的重要组成部分。此外,都市美型男经常采用以他们为目标群体的广告中推出的产品和服装。过去的广告往往雇佣专业模特,他们大多数是同性恋或被认为是同性恋者。这样导致一些男性排斥广告中的服装和内衣,因为异性恋男性不希望与同性恋男性有关联。设计师为了销售他们的产品,开始雇佣著名的专业运动员,因为他们是很多男性仰慕的英雄。美国《GQ》杂志于 20 世纪末为拉尔夫·劳伦(Ralph Lauren)和阿玛尼(Armani)刊登的广告就开始雇佣运动员模特,在 2000 年,英国《GQ》杂志则在封面上刊登贝克汉姆照片。

自恋这个术语可以追溯到古希腊神话时期。都市美型男的内在心理特征是自恋(narcissism)。心理学家弗洛伊德(Sigmund Freud)最早用自恋一词来描述人的心理和行为,提出自恋的对象有四种类型:现在的自己(what he is himself)、曾经的自己(what he once was)、自己想成为的(what he would like to be)和曾经属于自己的(someone who once was part of himself)。Marc C. M. van Bree 认为,都市美型男的自恋属于第三种情形,即爱上理想的自己,主要表现为商业广告和媒体呈现的完美男性形象。自恋在极端的情况下会发展成个性失衡,高估自己的能力,显示出严重的自私,对崇拜与肯定提出过分的需要,漠不关心他人的需要与情感。马克·辛普森显然对都市美型男的自我中心主义颇有微词。他说:"一个异性恋的都市美型男是这样排列顺序:第一、他自己,第二、其他都市美型男——这季最当红的东西别人知道吗?第三、女人。"

都市美型男在很多方面显示出自恋式,例如着迷于他的外貌或希望被别人羡慕。但是,都市美型男与自恋者又有很大差别。都市美型男是自信的。他们外向,总是认为他们自身的外貌非常显著。因此,如果有人对他们说,他们穿着的服装不好,是不会伤害他们的。他们看成是意见和建议,不会毁了他们。相反地,自恋式男性性格内向,他们需要听到他们是完美的,外貌好看这样的评说。自恋者非常严肃地对待任何类型的批评,他们在听到批评意见时通常会崩溃。

四、都市美型男与性向

马克·辛普森认为,都市美型男对自身形象的关注超过了自我身份的认同,他们更在意自己被别人怎么看,因为这是唯一让他们确认自己存在的方式。

自从媒体提出都市美型男概念以后,与这种男性化原型相关的修辞就一直将异性恋男性放到一种极其不同的位置上,将他们和同性恋进行对比。可以从两方面理解。其一,都市美型男表达男性气质的形象不再非得保护自己避免同性恋和女人气的威胁。都市美型男放弃了对同性恋的否认,并且与霸权式男性化结构联系起来。其二,都市美型男的男性化改变异性恋男性与同性恋男性的关系,允许和鼓励展示男性的身体,与女性一样被凝视。具有时尚意识的都市美型男寻求被女性和男性凝视,不再抵制经常缠绕心头的对同性恋的恐惧。在建构他们自身时尚意识身份时,都市美型男不仅吸收女性和同性恋男性的时髦形象元素,还吸收其他异性恋男性展示的形象元素,可以是在《Details》页面上或城市街道上的形象。与西方传统的性别凝视结构不同的是他们把自己放置在无差别的性感凝视上。都市美型男体现了这样一种男性化形象,不用担心与同性恋的关系,有意识地吸引其他男性性欲望的凝视。尽管都市美型男是异性恋性向,在形象上模糊了异性恋和同性恋的分类,对同性恋男性和异性恋男性特征有重要的延伸意义。

都市美型男非恐惧同性恋的坚定态度,是对男性化传统特征形象的革命。由于同性恋作为一种不符合男性化标准身份类型的出现,同性恋男性遭受了歧视态度。都市美型男对待同性恋的态度显然有利于同性恋男性。不再设定同性恋或同性恋男性对异性恋男性化的威胁,都市美型男减少了人们的恐同性恋现象。欢迎其他男性的凝视,也希望得到其他男性的凝视,而不是极度地抵制。这种异性恋与同性恋的模糊概念,识别同性恋男性就变得很困难,有助于减少憎恨同性恋的暴力。

20世纪,大部分同性恋男性的显著特征是提高审美意识。由于越来越多的异性恋男性更加关注他们的外表,时尚意识的男性不再只局限于同性恋男性。当今,在拥挤的街道上,当看到两个都市美型男在经过一天的疯狂采购后,携带着满满的购物袋,人们几乎不能区分是一对同性恋者还是两个异性恋者。都市美型男使时髦的同性恋男性不被识别为一种类型,因此就不易成为憎恨同性恋暴力的对象。一贯以来,异性恋男性化特征将同性恋行为和同性恋者排除在外,都市美型男第一次将异性恋与同性恋结合起来。结果,都市美型男的出现,潜移默化地改变了异性恋和同性恋男性之间的关系。

都市美型男的特征在某些方面与既定的理论化的男性化特征建立了一定的关联性。首先,都市美型男显露了他自身男性化结构特征,使男性化特征的外延得到扩展。都市美型男表现出一种身份形式,以时尚和形象为中心,而不是内在本质或性别角色概念。都市美型男的身份以伪装行为为特征,他的身体通过商品、着装和修饰来解读。在通过身体展示寻求别人的凝视中,不断地从事男性化的表现。用风格建构性别身份特征的行为与朱迪斯·巴特勒(Judith Butler)性别角色的生产性和操演性概念相吻合。都市美型男集中于外部和外部所引起的凝视,以及在媒体中的显著位置,强调他建构的男性化特征。都市美型男提倡的男性化特征是改变传统性别角色的操演。尽管变形了的男性化特征是一种建构类型,就会与传统的性别角色概念相抗争,但这种变形没有意图改变父权制下赋予男性的主导和特权地位,不是建构一种男性化的虚弱形式,也不是对父权制男性化特征作必要的改进,只是通过男性特征的建构和操演(performative)模糊性别角色之间和性别角色内部的不平等。因此,这种男性化特征的进步性变化,与当代男性行为结合起来。

其次,异性恋的性向行为方式一直是西方男性的基本特征,都市美型男对传统男性化特征提出了挑战。Eve Kosofsky Sedgwick 认为,在过去几百年中,性向是身份的主要分类标准。

在过去,每一个出生的人,他或她仅仅被分配为男性或女性性别角色。这种二元的分类,同性恋和异性恋可以看成是彼此排斥的身份和个性。现在却分配为同性恋、异性恋或者双性恋性向。在异性恋文化占主导地位的社会中,同性恋遭受指责和边缘化。同性恋主体被排除在家庭、国家公民之外。结果,同性恋亚文化在西方城市中心的主要地区发展,最为明显的是同性恋村,聚集着同性恋人群。这些村有同性恋书店、咖啡馆、俱乐部和宾馆、浴室和性用品商店。一些经典的同性恋电影和文学的发展,使得同性恋男性成为时尚领袖,培育出同性恋时尚和风格的显著特征。主流文化等同于异性恋文化,男性化被定义为同性恋的对立面。都市美型男代表了男性化在文化含义上潜在妥协的转折点,因为都市美型男不再坚持在异性恋和同性恋之间的激进区分,而是通过风格意识消解他们之间的对立关系。正如马克·辛普森所说,都市美型男现象代表了结束"性向"的预兆。都市美型男的身份不再聚焦于性向,他的身份更多依据他的生活方式和消费。马克·辛普森说,"都市美型男的性向对他们和他们的同居者来说明显是重要的,但他们的身份不基于性向,从商业文化角度看,性向几乎是无关紧要的"。都市美型男的风格和吸引他人的凝视,比承诺是异性恋声明更加重要。

辛普森在《Metrosexual? That rings a bell...》文章中解释到,男同性恋为都市美型男提供了范式,被认为颠覆了传统男性化的概念及期望。他们对外表以及生活享受的重视反映在日常生活上,诸如去美容院、健身房、关注时尚保养等,这些在过去通常被视为是"不够阳刚",甚至是娘娘腔的表现。意味着,男性的事业成就和身份地位已经不如以往那么重要;而最重要的改变是,男性对女性特质的排斥感渐渐减少,开始接受以往被界定为女性专利的物品。

正因为此,性向和身体外貌似乎有着千丝万缕的联系。其隐含意义是女性有个人良好的卫生习惯和良好的时尚潮流敏感性。相反,如果一个异性恋男性不关心他的外貌,不会有性向的疑问。我们的文化总是这样认为,如果某人违背这些规范,他们准是超越二分的性向,被划分到一种新型的性向"都市美型男"(似乎少于异性恋的男性)。更进一步,社会就直接根据知觉,从个人外貌判断他的性向。这种知觉来自何处?在过去几年,媒体激烈宣扬性向直接与吸引力程度相关。《Journal of Homosexuality》曾经刊登过一篇文章,作者 Nancy Rudd 提出建议,商人应该针对同性恋男人设计具有创新性和时髦的服装,而针对异性恋男性,更多地设计休闲服装,例如牛仔和 T 恤。这就更加寓意,时尚完全为了同性恋男性,而不是异性恋男性,同性恋者与时尚潮流之间有直接的联系。这是因为媒体建立了刻板印象,吸引力和时尚使一个男性对另一个男性的性向获得了真正的权威性。

连续剧《粉雄救兵》(Queer Eye for the Straight Guy)进一步渗透了这种概念。《粉雄救兵》讲述了一群同性恋男性帮助一位异性恋男性(这位异性恋男性没有卫生和时尚的感知),他们用对时髦的天性对他进行感化,带领他进行适当的修饰和采购。其含义是,同性恋男性对吸引力有天生的悟性,这正是异性恋男性所缺乏的,这部电视剧没有命名为《Fashionable Eye for the Unfashionable Guy》。事实上,电视剧的编导认为,通过改进外貌与性向建立关系是必要的,公众毫无疑问地接受了这种关系。具有时尚美感的同性恋者和传统异性恋者相结合的产物则是都市美型男。"都市美型男"最初的定义是指"外貌",但是毋庸置疑这个词已经和性向联系在一起。"词根""sexual"明显地指性向(sexuality)和性偏爱。

在 ESPN. com 网站上曾粘贴了一则采访 Mike Greenberg 的帖子,他自称自己是都市美男型,使用维他命 C 洗面奶和 Kiss My Face 乳液,他回答到,"是的,我实际上是一位女性,我几乎和你接近的女性一样"。Greenberg 仅仅根据他使用的一些洗涤用品就证明自己女性化的性向。贝克汉姆和

Greenberg 的事例都将男性的女人气外貌或异性恋男性生活方式的缺失联系起来。对于这两位男性来说，他们的性偏好不能定义他们的性向，而他们的外貌却能。

性向不能仅仅根据男性的整体外貌来定义。但是，判断男性性向往往根据他外貌或卫生方面很细小的事情来判定。从万维网上可以找到很多关于新潮"都市美型男"的提问。在提问中，有这样的问题，"你有过修剪你的眉毛吗？"，都市美型男回答到"是的，经常，我坚信，眉毛应该是两个重要的'标题'"；而完全异性恋者（不关心自己生理外貌）的回答是"不，从来都不"（"你是都市美型男吗？"）。从这种特别的提问，如果一个男性修饰眉毛是罪过的话，他就失去了异性恋的某些特征。还有很多类似问题，例如，一个同性恋者花费多少钱在剪发上，他们穿什么类型的内衣，用什么类型的香皂和洗发膏？当版主列出一系列选项，回答了几个问题以后，就能评估他的都市美型男的程度。评估系统通常以"男性化的男性"为起点（最异性恋的男性）到有点都市美型男（时髦的和有一点的异性恋），在一些情形下，如果这个人太关心自己，就是某种程度上的同性恋者。如果某位男性花费很多钱在剪发和香皂上，他或者是同性恋者或都市美型男，但是，肯定不是异性恋者。"你有多少双鞋子？""你采用多少种发胶？"，对这些问题的回答，就能判定使用者是哪种类型的性向。

《Psychology of Women Quarterly》中曾登载了一篇文章，是关于生理性雌雄同体人的个性特征和他人对他们性向的认知。作者 Laura Madison 认为，事实上，人的生理外表与人的心理特征相关。她认为，这种关系对于具有女人气特征（修指甲、剪时髦发型）的男性和同性恋者来说更加密切。在 Marti Yarbrough 的文章"都市美型男男性：姐妹们对他们的真正看法是什么？（The Metrosexual Male：What Sisters Really Think of Them)"中说道，女性们关于都市美型男男性的意见是"我对他的性倾向有疑问"，"他们很讲究着装，使用香水和通常穿着花哨，但他们呈现出很多问题，他们处于同性恋和双性恋之间吗？"对于女性的这些质问性倾向问题，立即被穿着时髦和施香水的男性唤起。这些研究和被访问者解释了外貌和性向的关系已经紧密相连。

男性的外表和性向建立起关系，这种社会的偏见在逐渐升级。如果男性使用护肤产品、着装时髦，被认为比那些不关心他的生理外貌或个人卫生的男性异性恋倾向小。它已经形成社会共识，错误地认为，异性恋男性比同性恋男性有较少吸引力。如果某位异性恋男性突然有了时尚意识和关心自己的身体,那么他就适合打着引号的"异性恋"男性的称呼。社会已经发展了一种新型的分类,以便将这种类型的男性归类,"都市美型男"似乎就是那些异性恋程度较低的男性。媒体已经提出,并通过像《粉雄救兵》这样的节目、文章和网络等资源渗透这种模型。在我们生活的社会中,人们在判定一个人时,往往仅仅根据他的外貌来判断他的社会方式,来表示不赞同。但是,这种模式的制定已经被社会接受。可惜的是,我们生活在这样的社会中,关心个人外貌的异性恋男性,总是被公众仔细地盯梢。

外貌的重要性曾经是女性的问题,现在也成为男性的中心问题。男性也愿意向别人展示自己女性特征的另一面,包括敏感、奉献和情感,这些男性有着过去认为是女性所具有的习惯和态度。这种潮流的产生主要包括媒体、家庭角色的变化、妇女运动和自尊含义的变化,致使传统的性别角色概念变形,一种新型男性的出现。

马克·辛普森认为,无论是纨绔主义者还是都市美型男都与性向相关,"正是中产阶级的性向导致纨绔的死亡,而现在,非常巧合的是,都市美型男消除了性向"。在19世纪后期,由于同性恋作为一种身份类别的出现,以及与它相关的纨绔的衰落,导致纨绔主义的死亡。都市美型男为当代男性提供了一种男性化的版本,不再严格根据(异性恋)性向来定义。都市美型男强调时尚超过性向,给予理由重新思考,正如Sedgwick声称的,身份总是受到性向的指引。如果都市美型男代表未来的男性化特征,将迫使理论学家寻找另一种框架结构,描述男性化身份的构成,在这种框架里性向是多余的。

都市美型男对男性化的研究来自于风格意识的男性化,模糊异性恋和同性恋的界限。由于不强调性向,不恐惧同性恋的态度,都市美型男使男性化的解释变得困难起来,因为一贯以来总是以防卫方式与同性恋对立起来。很多男性化研究学者认为,霸权式男性化很大程度上就是根据拒绝和疏离同性恋而定义的。Sedgwick主张,男性化特征形影不离地和对抗性地与同性恋联系在一起。

都市美型男提供了一种男性化版本,改变了防御力量的负面功能,创造了新的结构,以风格审美感觉为基础。隐含意义在于,这种转变不仅关注异性恋和同性恋的行为方式,还关注异性恋彼此之间的行为方式。这种重构没有必要强调男性群组之间的平等交换,而是用温和替代无情,不再是基于防卫或男性化的对立定义。

都市美型男话题已经成为媒体注意的焦点,男性对自己外表的关注受到大众媒体的鼓励,从经济学家到纽约周刊,各种期刊都有关于此话题的文章。

可以说,都市美型男不是一种新的现象,是曾经男性化角色的复活,也意味着今天时尚重构男性化特征。但是,这两种类型的男性只是局限于一些少量的富有阶层男性。尽管后来消费模式发生了变化,男性的修饰始终相对地隐蔽,因为社会观念一直以为女性的消费王国("feminine" realm of consumption)和男性的产品王国("masculine" realm of production)。直到 1980 年代,视觉感官开始发生变化,消费被重新定义为一种适合男性的活动,而不是简单的被动式和女人气的行为。对这种改变开始提出各种解释,认为男性的时尚和形象受到同性恋运动的影响,同样,还受到女性主义运动的压力。商人们在后资本主义时期寻求新的途径,新闻媒体经常刊登男性产品的广告,并以著名演员和模特儿等男性形象,宣传男性的生活细节。

传统社会男性阳刚的刻板形象受到两种形象的侵蚀:女性和同性恋。1960年代,女性解放运动取得了成功,大量女性进入了男性独占的领域,使她们有了事业和公众生活。在法国,选举权(1944),结束教育分隔和包办婚姻(1965),男女职业平等(1983)和身体控制(避孕、人流,1975)。另外,在 1970 年代,积极的同性恋文化出现。"同性恋(gay)"一词比病理学上的"同性恋(homosexual)"更加中立。同性恋文化和它的审美,尤其在时尚领域广泛传播,设计师受到很大影响,即使是异性恋设计师也深受影响。

在现代,社会发生的变化已经对私有和公共生活中男性化气质产生了影响。工作不再是男性化特征的主要因素,因为大量女性也在工作。此外,男性化特征的定义不能再像过去传统模型那样,与女性化特征绝对对立。在后现代社会,性别角色是模糊结构。女性在公共生活中花费很多时间和精力,而男性似乎有了新的领地,在私有生活、家庭生活中花费更多的时间,这种新型模型与传统男性阳刚模型没有互斥作用。男性和女性领地正在重新构建,男性独占的领地已经消失。

这种变化并不意味在后现代社会普遍以男性为主导的形式已经消失,或者男性要大量地吸收女性的价值观。de Singly 认为,它意味着这种对立是并置的,男性化和女性化价值观处于一种平衡或妥协的状态。受到整体性、传统性和理性驱动的男性化特征,在现代社会变成多元的男性化特征。男性日益在情感和外貌上从女性化特征上借鉴。这就提出这样的问题,男性化特征是否回到 19 世纪欧洲禁止的形象上? 重设男性化特征引起足够重视,反映在媒体和大量产品的开发中,吸收了过去女性化的特征(饰品、化妆)。这表明,在后现代社会的价值观强调外貌、身体和情感是文化价值观的核心,对男性和女性同等适用。

女性主义运动大大促进了男性的市场,女性成功地争取自身的权利,改变了男性和女性之间在工作场所的关系。这就表明,在工作场所男性和女性更加平等、平衡和相互接受,使男性越来越从女性特征吸取元素,产生了都市美型男。都市美型男潮流的大行其道离不开女性地位逐渐上升,以及女性主义运动的深入。女性在工作和社交圈里的分量增加,她们的权利得到逐步承认,这迫使男性改变以往的工作方式。相应地,男性也吸收女性的心理特质,例如消费心理。李奥贝纳广告公司(Leo Burnett Worldwide)的市场调查发现,传统男性购买家庭娱乐设施时,容易受完善配套和技术优势的鼓动,但越来越多的男性从商店的环境、服务水平或其他无形因素来挑选,而这些曾是属于女性化的特质。此外,这些男性在日常生活中会显现敏感、温柔、体贴,甚至脆弱的倾向。

"都市美型男"已经被用于美国总统大选。一些人认为,民主党候选人约翰·克里(John Kerry),有着都市美型男的外貌。美国政治家霍华德·迪恩(Howard Dean)宣称他自己是都市美型男,说明现代社会的多样化促进了社会的容忍度。

都市美型男如何影响城市,社会对他们的反应如何,这两点问题成为全球性的问题。都市美型男强大的消费能力和意愿,促使许多商家开始关注这个有发展潜质的市场。他们也代表了男性在服饰、美容、保养、健身等方面的消费习惯。许多服装、护肤品以至美容院都开发了针对男性使用的商品及服务,看准了男性市场的发展前景。日本的伊势丹甚至在新宿开了一家商店 Isetan Men's,专门提供男性商品和服务。

都市美型男在男性修饰产品具有很强的购买力。往往购买如设计师 Prada、Perry Ellis 和 Kenneth Cole 专为都市美型男设计的外套,他们愿意冒风险,穿非常规性服装。这些都说明都市美型男掀起的潮流足以震撼社会,显示出他们是一群选择产品和欣赏产品的特别消费者。

后现代时代的来临,无论男性还是女性都是消费至上,男性从生产者转变为消费者。事实上,男性甚至对曾经禁忌的商品,例如化妆品,变得富有热情。市场商人意识到这种潮流,正在深入研究这种正在成长的市场。例如,Esteé Lauder、Clinique、Nivea、Neutrogena、Old Spice、L'Oreal 都有男士产品。正在变化的形势给公司带来了难以置信的机会,转向投入到获利更多的男性消费行业。

第六章

嬉普士(hipster)形象

嬉普士(hipster)样式,不仅在异性恋男性中,也在同性恋男性群体中流行,出现了异性恋男性和同性恋男性着装相互融合的现象,只是偶尔从外貌上看出性取向。纽约新学院的 Mark Greif 认为,这种现象于 1990 年代在新波西米亚(Neo-bohemians)街区产生,靠近城市金融中心新财富爆发区,例如纽约下东区和威廉斯堡地区。Joe Harris 观察到,在威廉斯堡地区,嬉普士异性恋男性看上去十分像同性恋男性,嬉普士同性恋男性看上去十分像异性恋男性。紧窄牛仔裤、方格或彩格帽子、很多链子和手镯,十分酷。人们认为,从嬉普士的着装很难说出是异性恋还是同性恋男性,似乎嬉普士文化模糊了两者的界限。

一、嬉普士的含义

维基百科对"嬉普士(hipster)"的解释是:嬉普士是指富裕或中产阶级年轻人,他们主要居住在中产阶级地区。喜欢独立和另类音乐,对非主流时尚具有很强的敏感性,往往在过时和二手商店购买服装,积极的政治观点,崇尚有机和手工食品,以及另类的生活方式。

嬉普士一词产生于 1940 年代,当时一些美国白人模仿从事爵士音乐的黑人的生活方式,这类人被称为嬉普士。到了 50 年代末,一些作家和诗人也采纳了这种生活方式,因此受到人们的关注,被称为垮掉的一代(beat generation)。60 年代和 70 年代由于嬉皮士和朋克的兴起,嬉普士退居隐匿状态。

Mark Greif 认为,1990 年代末,嬉普士再次出现,威廉斯堡(Williamsburg)地区为人们熟知的波西米亚(Bohemians)是嬉普士的原型。嬉普士现象从纽约开始(也从未离开过纽约),然后传遍世界各地。现在,柏林、伦敦、哥本哈根和东京等城市有大量嬉普士,嬉普士也成为人们讨论的热门话题。

图 6.1　1940 年代,热爱爵士音乐文化的美国嬉普士

《纽约杂志》(*New York Magazine*)刊登的一篇文章《What Was the Hipster》,作者 Mark Greif 认为当代嬉普士与 40 年代、50 年代嬉普士是两个不同群体。Greif 将这篇文章与其他文章合编为一本书《What Was the Hipster——A Sociological Investigation》。还有一位作者 Robert Lanham,撰写了一本具有嘲讽意义的书《The Hipster Handbook》。在阅读这两本书后,可以对嬉普士的含义有清晰的了解。《The Hipster Handbook》中描述到,嬉普士有品位、社会态度和观点,由于酷而被认为酷。

任何人在讨论嬉普士时,似乎带有一种讽刺态度。嬉普士也容易受到媒体的嘲讽和非议,主要原因是没有人愿意承认自己是嬉普士。很多人认为嬉普士是无政府主义者,以自我为中心,除了自己不愿听取他人意见。Rob Horning 在《The Death of the Hipster》一文中提出了质疑,是将嬉普士描述为亚文化群体,还是描述为超媒体背景下后资本主义时期男性中产阶级文化。Horning 认为,回答这个问题相当重要,因为它牵涉到如何定义嬉普士。很多研究将嬉普士定义为一个当代群体,但这个定义不完整。从历史来看,嬉普士是一种持久的社会现象。

图 6.2　漫画,谁都不承认自己是嬉普士

在《The Hipster Handbook》一书中,Lanham 列出了"成为嬉普士的 11 条提示",即勾画了当代嬉普士群体的部分特征。尽管书中没有列出嬉普士的所有特征,但根据列出的这些特征就可以很好地定义嬉普士。Lanham 描述到,他们(hipsters)有各种肤色、体型和国籍。他们着装的方式反映出他们具有创造性和善于独立思考,从着装上容易辨认嬉普士。

形象是定义嬉普士的关键。嬉普士在选择塑造形象的物品时,总是设想他人如何看待他们,不管正面还是反面的看法,只要看上去好看,并且具有魅力,就无所顾忌。下面从一幅照片(图 6.3)进一步阐释嬉普士形象。

这幅照片上的年轻男性看上去大约 25 岁,仿佛是一幅自我广告。照片如同几十年前的电影招贴,色彩与弱闪光取得平衡,十足的怀旧情调。照片的背景和影印质量都显得很不现代,就连他依靠的灯杆也不能显示他所处的年代。唯一能显示的是背景中《Vanity Fair》杂志的招贴显示的日期 2012 年 7 月刊。令人好奇的是照片什么时候拍摄,现代照相机拍出的色彩比这幅照片要更加漂亮,表明作者故意处理成这种效果,好与嬉普士的怀旧特征相吻合。他所穿的服装没有明显的品牌标志，只是复制了老一辈的穿着风格，例如白领阶层着装特征的背带，但在现代背带是一种非主流形式。在照片中背带很显眼，增添了着装的完美性。他的着装不是随意搭配，而是精心挑选，显得整洁和协调。他的头发梳理整洁，明显不同于工人阶级的打扮。照片中他卷起了衬衫袖子，显露出手臂上的大片纹身。有趣的是，他采取了与工人阶级相似的叼香烟姿势。这种对比，似乎象征蓝领和白领两者有相结合的趋势，也寓意这位男性故意让人很难定义他。

图 6.3　嬉普士典型形象

此外，照片中男性背后的商店名称是"Miranas of London-Food & Wine"。现代很多杂货商店都是连锁，因此背景可以看成符合时代潮流。而这位男性站在一家不为人们熟知的商店前面，使照片产生独特性意蕴。如果他站在麦当劳店铺的门前，照片就传达了不同的含义。同样，如果他手中拿的难以辨别的易拉罐换成容易辨识的 Coca Cola。麦当劳和 Coca Cola 这两个品牌世界各地为人熟知。如果消费这两个品牌意味着缺乏原创和个性。选择一个没有名气的品牌和产品，象征了嬉普士崇尚个性。通过选择一个为人们不熟悉的背景，使整个场景产生神秘气氛。这种氛围使照片的年代模糊不清，与很多嬉普士不想将自己加以标签相吻合。

二、嬉普士的文化偏爱

嬉普士通常是艺术和文化人士,文化资本是他们的本质特征。无论是音乐、时尚、电影还是食物,他们对所消费的事物非常谨慎,似乎每一个美元都是一张选票,要花费在最不时尚的地方。大众喜欢的,他们都不喜欢,他们鄙视主流中的一切,崇尚独特性,例如,从未听说的乐队,不时髦的服装,犄角旮旯的旅馆。要想成为嬉普士就必须停止使用一切正当时的事物,一旦使用就不是嬉普士。他可以梳理成 18 世纪麻风病人的发型,但如果他是一位饭店老板,他永远不能成为一名嬉普士。

图 6.4　嬉普士喜欢过时的黑色唱片留声机

1960 年代,嬉普士群体主要包括设计师、诗人和作家,在当代嬉普士似乎没有偶像人物,也没有任何人能够主导嬉普士潮流,或者指令某个潮流。Jennifer Baumgardner 认为,嬉普士没有真正为他们自己的群体创造什么,他们倒像是批评家。总体上说,他们是 21 世纪的惰性人物。这种批评的隐含意思是嬉普士有自我骄傲和傲慢的意识,没有实际创造或取得成就,他们能够告诉人们什么是好的或不好的艺术。他们享受音乐、书籍、绘画和雕塑，发现新艺术，并且采纳它们，甚至据为己有。Lanham 认为，嬉普士使用文化上的偏爱，作为个性化的指示器，将对音乐的品位看成是个性的文化象征。

嬉普士根据个人偏好而不是个性来识别他们彼此，他们的个性不是他们所说或所做的，而是他们所穿和所享受的。嬉普士酷爱电影，但又骄傲地藐视好莱坞影星，例如众所周知的好莱坞明星：梅格·瑞恩（Meg Ryan）、朱莉娅·罗伯茨（Julia Roberts）、汤姆·汉克斯（Tom Hanks）和罗宾·麦罗林·威廉斯（Robin Williams）都是藐视的对象，即嬉普士不喜欢大众喜欢的。根据 Lanham 的研究，嬉普士喜欢的电影包括：水牛城 66（Buffalo '66，USA 1998），阴风阵阵（Suspiria，Italy 1977）和奥菲（Orphée，France 1949）。他们喜欢的文学作品包括杰克·凯鲁亚克（Jack Kerouac）撰写的《在路上》（On the Road），这本书以描写垮掉一代而著称。

嬉普士十分重视着装，他们的个性都可以从着装上体现出来。嬉普士时尚是重新使用过去样式和过时的潮流。Gracie Mercedes 认为嬉普士时尚是怀旧或旧的，其风格彻底远离规范，即嬉普士所喜欢的，一般人不喜欢。

《时代》杂志记者 Dan Fletcher 认为，嬉普士所穿的 T 恤，胸前丝网印刷的文字来自电影，但人们从未听说过这些引文。他们佩戴西部牛仔帽、贝雷帽和太阳镜。每一件服饰都极其精确地释放"不在乎"的意蕴。嬉普士的"不在乎"态度似乎向社会声明，反叛社会中存在的主流文化。出于这种目的，另类的穿着方式就是一种反抗的工具，所穿的每一件服装都要达到反抗的目的。除了服装，嬉普士还使用身体艺术，尤其是纹身和胡须，以达到鹤立鸡群的目的，其他装饰配件也是经过仔细挑选。总之，就是通过创造性的着装样式将自己与大众区别开来。

嬉普士穿着的服装或多或少地相似，但仔细观察发现细节有所不同。事实上嬉普士只是回归过时了的时尚而不是产生时尚。加拿大《Adbusters》杂志的记者 Douglas Haddow 认为，嬉普士只会使用先前的时尚，缺乏创新能力，停滞新事物的诞生，是一种不连贯的文化，是西方文明的终极。Douglass Haddow 于 2008 年写给《Adbusters》的文章，题目为《嬉普士：西方文明的末路》（Hipsters：The Dead End of Western Civilization）。他写道，"嬉普士人为地挪用不同时期的不同样式，代表了西方文明的结束——一种迷失在过去年代的表面,不能创造任何新的含义"。Haddow 认为,自从二次世界大战以来,产生了大量反文化群体,只有嬉普士亚文化,是混合先前的各种文化,是将跨大西洋的风格、品位和行为混合起来的大熔炉,因此增添了定义嬉普士的难度。

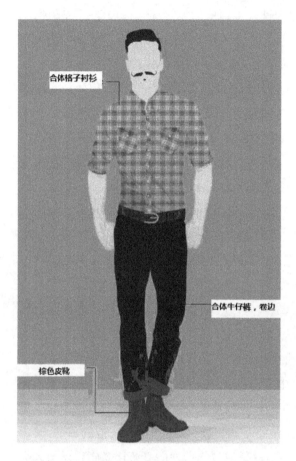

图 6.5 嬉普士着装样式

嬉普士不仅借助服装呈现视觉形象,还借助很多小配件或电子装置,证明他们具有识别时尚的能力。"死飞"自行车(fixed-gear bicycle),也称为"fixie-bike",是嬉普士的一件重要物品。死飞与正常自行车的差别在于没有实际刹车,重量很轻。很难解释为什么在嬉普士群体中,流行这种自行车。"死飞"自行车在过去被邮差使用,它速度快,为投递邮件带来了方便。由此看来,"死飞"在现在具有了怀旧特征,似乎这是吸引嬉普士的原因。此外,由于它没有刹车,在很多国家遭到了批评,甚至有些国家将它视为非法。这种

"非法"身份使骑"死飞"的人认为这样可以反叛现有法律，或者表明"我不在乎"。很多非主流服装品牌被嬉普士群体接受，还有 IT 制造商生产的产品也成为嬉普士的必需品。

图 6.6　嬉普士戴的手表

图 6.7　嬉普士风格的时尚发布会

图 6.8　嬉普士喜欢阅读

图 6.9　嬉普士喜欢老式打字机

图 6.10　很酷的嬉普士发型

图 6.11　涂抹发油的嬉普士发型

　　Greif 认为,嬉普士时尚已经进入主流。如果这种论点成立,那么问题就产生了。首先,又回归到这样的问题,当代嬉普士是否已经死去,还是成为了主流? 其次,嬉普士时尚实际上起源于何处? 从商业角度看,嬉普士似乎是完美的广告工具,是时尚的指引者。他们传达什么是时尚和什么不是时尚的信号,如果消费者采纳他们的意见,嬉普士就起到了广告的作用。美国服装品牌 American Apparel 的流行就是因为嬉普士的助推作用。

　　在发型上模糊性别界限也是嬉普士文化的一部分。嬉普士认为涂抹发油是一种好的行为,但不意味非得这样做,还有一些嬉普士喜欢染发,认为很醒目。

图 6.12　完美的嬉普士发型

图 6.13 嬉普士打扮:胡须和法兰绒格子衬衫,卷起袖子露出纹身

图 6.14 伦敦街头展示手臂上时髦纹身的嬉普士

FACIAL HAIR
Styled on Victorian
preachers and the
hip-hopper
Scroobius Pip

COAT WORN
LIKE A CAPE
To reduce your
button footprint

MAN BAG
Contains biography
of a Japanese
rockabilly band.
Nothing else

ROLLED-UP
TROUSERS
To make it clear that
socks are for
squares

SHOES
WITHOUT SOCKS
To say: 'I'm aware
of convention but
reject it'

图 6.15　嬉普士着装要点:(1)面部胡须;(2)外套像披风一样穿;(3)卷起裤脚;(4)不穿袜子;(5)男式大拎包里面放极少物品

图 6.16　嬉普士元素:上翘八字胡须和眼镜

图 6.17　嬉普士的关键物品

三、嬉普士与嬉皮士的差异

嬉普士(hipster)和嬉皮士(hippie)是人们经常谈论的两个词汇。它们之间有很大差异,不能交换使用。但是,它们之间又有很多相似之处,很多人很难区分它们。嬉普士产生于 1940 年代,被用作俚语,1950 年代消失,1990 年代再次出现。

嬉皮士是一种年轻人的亚文化,产生于 1960 年代,起源于越南战争时期的美国,然后传遍世界各地。嬉皮(hippie)一词来源于嬉普(hipster)。"hip"的来源不清楚,有人认为来自美非文化,意思是"意识"。嬉皮士是指旧金山阿什伯里(Haight-Ashbury)地区的披头士(beatniks)移民。

《牛津英语词典》定义"嬉皮士(尤其在 1960 年代)是指一种人,他们具有非传统形象,典型形象是长头发,戴珠子项链。相关的亚文化是反对传统价值观,吸迷幻剂毒品"。嬉皮士建立了自身的社会群体,实行"性"的革命,使用毒品作为体验不同意识状态的方式,他们喜欢的毒品包括大麻和 LSD,喜欢听迷幻摇滚音乐。

嬉皮士选择自身的生活方式,搜寻新的生活含义。他们喜欢从社会的限制中寻找自由。在着装方式上与社会规范相背离,他们的着装使别人一眼就能识别。包括鲜艳迷幻色彩,喇叭牛仔裤,印有和平象征符号的服装(象征反对越南战争)。

图 6.18　嬉皮士

嬉皮士总是轻装旅行。他们从未担心是否带钱,也不担心是否预定宾馆,事实上他们在其他嬉皮士的居住地留宿。简言之,嬉皮士相信运动自由。从一个地方漫游到另一个地方,寻找生活的意义。他们崇尚公社或合作化的群居生活方式,崇尚素食和整体医学。一般认为嬉皮士运动就是一种革命,1970 年代到达顶峰状态,对流行音乐、电视、电影、文学和艺术产生了重大影响。

尽管两者都是反文化群体,嬉普士不愿意跟随主流文化规范,而嬉皮士反对传统价值观和规范,希望从社会的限制中获得自由。嬉皮士喜欢迷幻摇滚音乐,而嬉普士喜欢独立摇滚音乐。在着装方式上,两者都背离社会规范,但是他

图 6.19　嬉皮士

们的着装不同。嬉皮士穿喇叭牛仔裤,而嬉普士穿紧身牛仔裤。嬉皮士大多来
自穷苦阶层,而嬉普士来自中产阶级,花费大量的钱使他们看上去像穷苦人。
嬉普士的显著特征是他们的行为方式,他们不在乎或不关心任何事情。而嬉皮
士从很多方面将自身与其他群体区别开来。他们寻求生命中新的含义,相信运
动中的自由。

<table>
<tr><td rowspan="3" style="background:black;color:white">第
七
章</td></tr>
</table>

第七章 雌雄同体时尚

一、雌雄同体概念

雌雄同体(androgynous)一词来源于古希腊语ἀνδρόγυνο ς;;ἀν ήρ 来源于ἀ νδρ,即 anér 或 andr,意指男性;γυν ήἐ gunē 或 gyné,意指女性。

对人类来说,雌雄同体就是指一个人的性别身份不能清晰地归属于他所在社会中典型的男性化或女性化的性别特征,处于男性化和女性化的中间状态。雌雄同体的人也许使用"模糊性别(ambigender)"或"双重性别(polygender)"描述他们自身。很多雌雄同体者在心理方面看成既是女性又是男性,或者看成完全没有性别。他们被别人看成"无性别(non-gender)""中立性别(gender-neutral)""A 性别(a-gender)""中间性别(between genders)""同性恋性别(genderqueer)""多重性别(multigender)""内在性别(intergendered)""胚芽性别(pangender)"或"性别漂移(gender fluid)"。

朱迪斯·巴特勒(Judith Buter)在《性别麻烦》中定义"雌雄同体"一词为"身体表面政治"。珍妮佛·罗伯森(Jennifer Ellen Robertson)在《现代日本性别政治和大众文化》一书中认为,雌雄同体的用法,是支持或是反对占主导地位男女性别角色的表述,即雌雄同体是象征着对性别区分的不满。阿诺德(Rebeca Arnold)在《时尚、欲望和焦虑:20 世纪形象和道德》一书中写道:"雌雄同体就是整合男性和女性、男性化和女性化于一体"。雌雄同体就是一种男性化和女性化的组合或平衡,从概念上讲,它将彼此对立的性别两极淡化,使个体尽可能地表达男性化、女性化或两者的结合,即雌雄同体。

二、雌雄同体的完美理想

雌雄同体象征了性别矛盾冲突的完美融合,但这种融合只是一种概念,而非生物学上的含义:生理上的阴阳人相当少见,倘若有,都被看作畸形而非令人赞叹。

雌雄同体题材在创世神话中最为突出,在不同文化中也呈现出不同的图式。正如 A. J. L. Busst 所说,"雌雄同体是一种神话,就像所有神话那样,不断地被重新诠释,因为不同年代和不同个体有不同的世界观和价值观,雌雄同体的含义和价值必须与之取得一致"。

印度的 Ardhnari(半男半女)是湿婆(Shiva)和帕尔瓦蒂(Parvati)的融合。在西方宇宙产生论中,有很多双性神,最著名的神是赫尔玛弗洛狄托斯(Hermaphroditus),希腊神话中为阿弗洛狄忒(Aphrodite)与赫尔墨斯(Hermes)的儿子,精灵萨尔玛西斯对其求爱未遂,向神请愿与赫尔玛弗洛狄托斯合为一体,变成上半身为女性,下半身为男性的双性人。其他一些生育女神,例如 Cybele 和 Isis 不需交配就能生育,这种生育是她们的男性化能力,而不是指她们的纯洁。在很多创世神话中,雌雄同体作为原始的梦想,象征和谐的整体和统一。

当原始的超然统一状态瓦解为两极时,世界也就不再完美。宇宙接踵而来产生更多的两极分化:白天/黑夜、好/恶、肉体/灵魂,最为重要的分化是男性/女性。由此,世界因为对立两极之间的冲突产生了矛盾和缺陷,重新回到原始的统一状态成为一种企图。

大约公元前385年,西方哲学中,在柏拉图的《会饮篇》(Symposium)中首次出现雌雄同体和同性恋(homosexuality)等概念。《阿里斯托芬(Aristophanes)告知观众的神话》中讲述了一个故事:在远古时代,人是球形的生物,有两个背贴着背的身体,因而呈圆形车轮状。一共有三种性别,而不是两种。每一个人都是由两人合在一起,或者是男/男,或者是男/女,抑或是女/女。男性是从太阳孕育出来,女性是从大地孕育出来,男女各半的人则从月亮中出来,这男女各半的一对就是雌雄同体,是为了平衡太阳与大地之间的能量。这些球状的人企图取代上帝，但是失败了。为了破坏他们强大的三个整体力量，宙斯决定拆散他们，以削弱他们的力量。通过阿里斯托芬这个人物，柏拉图机智地表达了人类堕落前的雌雄同体，分裂成两种性别直接导致人类的降临。

在西方哲学中，坚持完美雌雄同体的神话，不仅通过宗教和神话传到后世，而且通过占星术和炼金术，将宇宙分为两极力量，这些两极中包括男性化和女性化。炼金术的目标是通过男性和女性元素，将贱金属变成金子，最终找到点金石；这种假想的点金石就是完整的象征，其本质就是雌雄同体。

不仅如此，雌雄同体成为人类学和心理学的研究对象。在荣格（Jungian theory）个性理论中，雌雄同体是一个重要的概念，即需要将无意识的心理方面整合起来。荣格是最早观察到人类心理具有雌雄同体现象的心理学家。他指出，在男人伟岸的身躯里，其实生存着足够阴柔的女性原型意象，荣格把她叫做"阿尼玛（Anima）"；同样，在女人娇柔的灵魂中，也隐藏着属于她们的那个男性原型意象：阿尼姆斯（Animus）。

弗洛伊德从生物学角度，从人的行为上证明雌雄同体的存在：同性恋的神秘之处在于"女性化的心理，必定要去爱一个男性，但不幸的是有一个男性化的身体；男性化的心理，悲哀的是被绑定在女性化的身体上"。

人类学家认为雌雄同体有两种类型：消极的或失败，即通过分裂获得雌雄同体；积极的雌雄同体是通过融合获得。在这两种情形下，雌雄同体本身与混沌相关。前者与弗洛伊德的求死愿望信条一致，雌雄同体的梦想就是希望回到无差别混沌状态。后者与荣格颂扬的个性化相一致，将两个自我合而为一。

几个世纪以来，雌雄同体一直是心理学、人类学、社会学、神学和历史学界争论的话题。而到了现代，它又成为文学批评和女性主义的中心议题。不难理解为何雌雄同体吸引了很多女性作家。从历史上看，生殖器之笔主宰的文学领域，女性只是一个局外人，女性作家即使与男性接受相同教育和具有相当的智商，也经常被看成是大自然的怪物，好卖弄学问的女人，她们不得不用男性化假名，掩盖自己的身份。1929年，弗吉尼亚·伍尔夫（Virginia Woolf）的《一间自己的房间》（*A Room of One's Own*），被看成是圣经式的雌雄同体主义诗歌。她断言到，"真正伟大的文学作品必须是雌雄同体。伟大的著作必须超越性别，并预言雌雄同体作品是唯一一种能够永存的作品"。

1970 年代,雌雄同体成为女性主义者的理想语言。1973 年,卡罗琳·海尔布伦(Carolyn Heilbrun)在《朝向雌雄同体的认识》(*Toward a Recognition of Androgyny*)一书中,号召文学、社会角色和语言等方面实行性别中立。

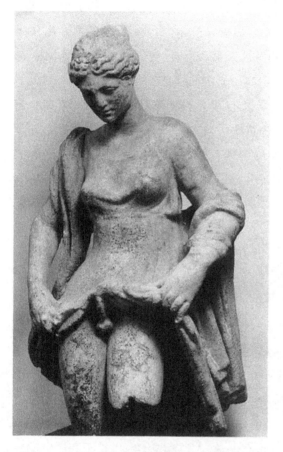

图 7.1 神 Aphroditus 的雌雄同体小雕像,古希腊和
古罗马人认为这种姿势具有驱邪的魔力

古往今来,人类不仅从抽象概念上,而且从行为上使用雌雄同体的完整性概念。在早期社会中,一种是通过狂欢仪式取得雌雄同体的完整性,例如易装;另一种是通过禁欲方式从精神上超越性别两极。

但是,雌雄同体不是天真无邪的天堂或解决性别冲突的灵丹妙药。在神话和生物学上雌雄同体已经被广泛接受,但很少接受实际的雌雄同体行为。男权主义者往往对男人的女人气深感不安,但是女性主义者并未对雌雄同体表示出明显的不安。男权主义者认为这是对男女性别等级区分的威胁,而女性主义者认为,雌雄同体是唯一可接受的选择。但是也有女性主义者(男性和女性)认为雌雄同体不是要消除,而是永远地坚持男女等级区分。丹尼尔·哈里斯(Daniel Harris)在《女性研究》一书中认为,雌雄同体从字面上看就是将男性(male)"andro"放在女性(female)"gyne"之前,是另一种父权制的控制形式,只是多了一些神话般的性别歧视。

三、大众文化中雌雄同体偶像

大众文化中雌雄同体日益受到人们的关注,一些明星成为流行的先导,逐渐被人们接受。

最早挑战性别角色的明星出现在 1950 年代的猫王埃尔维斯·普雷斯利(Elvis Presley)从那些怪异的艺术家那里吸取灵感,他的服装和化妆(特别是眼部的化妆),使传统主义者抓狂。披头士(Beatles)开始时只留长发,继而在生活和舞台上打扮成雌雄同体形象。滚石乐队(Rolling Stones),特别是 Mick

Freddie Mercury

David Bowie

图 7.2　大卫·鲍伊(David Bowie),乳白色的皮肤,骨瘦如柴和火焰的橙色头发,雌雄同体偶像

Jagger,在 1960 年代,他扮演着雌雄同体的角色。还有许多音乐人挑战传统的性别角色,例如 Jimi Hendrix,他穿着女性的衬衫、围巾、高跟靴,并因为接受采访时总是以腼腆和柔软的声音回答而闻名。在 1970 年代,约翰·特拉沃尔塔(John Travolta)在公众场合穿着紧身服装,掀起了紧身着装的时尚。英国摇滚乐队"齐柏林飞船"(Led Zeppelin)的 Robert Plant 外表上有一些女人气,明显的男性化性别,过分华丽的高音域。1970 年代音乐超级明星 David Bowie、Boy George、Prince、Annie Lennox 挑战传统范式,建立了 1980 年代雌雄同体的着装范式。最著名的雌雄同体偶像是 David Bowie 在 Ziggy Stardust 的形象。

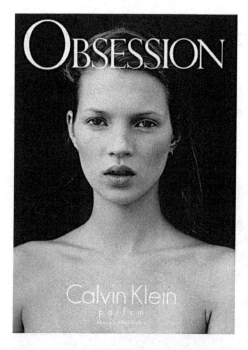

图 7.3　1990 年代,模特 Kate Moss 为 Calvin Klein 的香水 Obsession 拍摄的广告

大卫·鲍伊声称,他的紧身连体套装是一种达达主义形式,取自于一部非常有争议的电影"发条橙(Clockwork Orange)"的样貌,换掉了电影中黑白面料,Bowie 的样式(由他的朋友、裁缝和有时也是保护者 Freddi Burretti 设计)使用多种面料,从电路样式的设计到"Liberty"的印花面料。这种圆滚的样貌,配合色彩艳丽拳击样式的靴子,整体样式足够惊人,再结合他奇怪的眼睛和剃去眉毛,样貌就更加离奇。尽管很多时候他显得女人气,但是这种新的形象显得

更加脆弱。

在 1990 年代,出现新型雌雄同体模型,称为"waif"。这是一种普遍的称法,表示这个时代男孩式的形象,"heroin chic"式的时尚模特有 Kate Moss 和 Jaime King。根据 Nanda van den Berg,"waif"是皮包骨头,缺乏女性化特征,很容易被错认为是男性。

电影明星莱昂纳多·迪卡普里奥(Leonardo DiCaprio)在 1990 年代打扮成"皮包骨头(skinny)",与传统男性化形象截然不同,他的粉丝称他为"Leo Mania"。音乐明星玛丽莲·曼森(Marilyn Manson)在《机械动物》(*Mechanical Animals*)唱片封面上甚至出现无性别形象,显露乳房和无生殖器官。

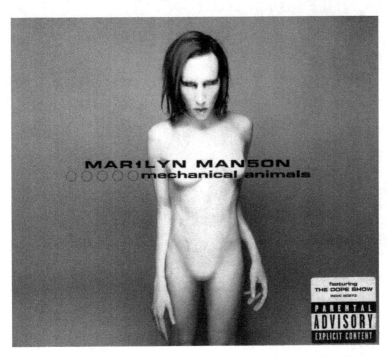

图 7.4 《机械动物》(*Mechanical Animals*)唱片封面上玛丽莲·曼森的无性别形象,显露乳房和无生殖器官

四、雌雄同体性别角色界限

1980 年代早期到中期,"雌雄同体"词汇已经出现在时尚媒体上。从 8 月刊开始,美国时尚杂志《Vogue》中到处充满了雌雄同体的样貌。时尚评论家

Steele 写道,在 1980 年代,雌雄同体时尚并未纳入主流时尚。例如,"His Pants for Her"是男性时尚被女性采纳的缩影。1990 年代,雌雄同体的模特身影出现在时尚广告中。这些广告宣传决定了品牌的形象,他们对雌雄同体和跨性别模特的新型选择告知消费者这样的信息,在时尚界有一种新型的性别流动性,与传统的男性和女性化特征没有多少相关性。

图 7.5 《Vogue》2011 年 2 月刊,Milla Jovovich 出现在封面上,她的雌雄同体形象,姿态很放松,似乎相当自然,非故作姿态

在 2000 年,迪奥品牌采用了一位新的设计师 Hedi Slimane,导致时尚中出现了另一种雌雄同体模型,为男装塑造了一个纤细的典型,但又不像文弱书生般让人感到无力。他让 Dior Homme 秀上的男孩大胆秀出纤细但有肌肉的臂膀,解开衬衫扣子、利用交叉前襟的衬衫,露出不太壮硕的胸肌,却还是很有精神。这标志着男装中的变化,被认为是这一代最有影响的人物。纤细的轮廓来源于雌雄同体的男孩,穿着结构分明的西服和小管的牛仔裤。Slimane 促进了

纤细的样式,这种样式来源于通俗文化,是英国各种后朋克和摩登样式的复兴。
Slimane 采取了伊夫·圣洛朗偶像样式,在 2001 秋冬发布会上,穿着的黑色雌
雄同体样式的服装起到了突破性效果。参照性别模糊的"Le Smoking"形象,他
促进了正式服装元素被接受的程度,例如结构性套装夹克成为男性日常着装。
在 21 世纪整个头十年,Slimane 再现了英国摩登样式,反应了 Beau Brummell
和 Teddy Boys 的复兴,并结合现代化特征,灵感来源于他的非正式缪斯 Pete
Doherty。此外,Slimane 在他的发布会中还参照 Bowie,体现了 70 年代中期的
样式。他的样式之一是将雌雄同体、无性别男孩作为另一种肌肉结实的男性。
他想通过年轻的雌雄同体,剥夺任何明显的男性的性的吸引力,创造一个合理
的无性别图形模式。

图 7.6 《i-D》2010 年冬季刊,模特儿 Andrej Pejic 梳理蓬乱的发型,没有化妆,身穿舒适的运
　　　动型服装,似乎半裸着,摆着相当自然的姿势。他看上去好像很自在,不管别人把他
　　　看成是男人还是女人,十足的雌雄同体形态,他的身体就像是一块画布供观者/读者
　　　去想象

图 7.7 照片以传统方式拍摄模特儿 Anja Rubik。这个迎风吹拂的女性,身穿男性化纨绔服
装,被设置成一种模糊的形象。图像是混合了雌雄同体和女性主义。其背后的理念
是,你不必非得选择,你可以既是男孩的样式,也可以是特别女孩的样式

现代雌雄同体时尚含义发生了变化,已经成为现代时尚媒体的口头禅。现代时尚正全神贯注于如何表现性别角色和打破男性化和女性化之间的界限。最近几年,可以说雌雄同体已经渗入到主流时尚文化,成为大众文化中不可或缺的组成部分。很多最新文章、广告和博客中都出现此概念,人们不再对雌雄同体大惊小怪。正如时尚理论家 Wilson 认为,雌雄同体作为一种潮流,已经不再具有宗教色彩,性别角色表达已经具有充分的自由。

雌雄同体阐述的共同点就是不再将男性化和女性化看成是对立的两极,而是将专属于男性化和女性化服装中的因素结合起来。雌雄同体服装是旨在超越性别的双重对立,整合或模糊男性和女性身体的特征形象。真正的雌雄同体服装不同于男性化或中性服装,是融合或减弱服装和外表中的性别差别,以致彻底地抹去个人性别的生物解释(例如,有或无脸部胡须,是否胸部突起,是否腰部比臀部窄)。换句话说,除了这些可视的生物特征外,人们穿着的服装和其他携带物没有隐含性别角色信息，提供的是对性别和性别角色不加评论的方法。阴阳之间巨大的鸿沟似乎不再存在，男性化和女性化之间从未有过的融洽。雌雄同体不仅模糊了男性化和女性化的界限，还与非常规性别、同性恋和易装癖建立了千丝万缕的联系。

未来性别差别是否消失？答案是时尚不会追求极端，不会完全废除差别，不会有激烈的中性特征。当女性正专注于大量男性化服装样式、男性正欣赏他们服装中幻想特征的权利时，新的性别文化差别将在现实的外貌王国里重新构建，男女时尚融合仅存在于表面层面。事实上，时尚从未停止过混合差别化符号，正如一件服装可能只是一些很细小的因素足以变得不时尚那样，一个很小细节足够区别两性特征。男女两性都穿裤装，女性衬衫纯粹来自男性衬衫样式，但它们的裁剪和色彩不同。一旦时尚物件被另一性别采用，几乎又重新登记造册，显示出它们相异的面貌。这就是为什么短发、裤装、套装和靴子从未削弱女性性别，这些特征总是被采纳后再加以女性化特征的具体说明，从它们的差异方面为女性重新做解释。

雌雄同体是另一种性别游戏——在穿着者的视觉空间中，让他人猜测是男是女的视觉游戏。诉诸男性化和女性化之间的模糊美，是在身体的性别和服装的性别样式之间的游戏。这种游戏生产出甲胄，以激起他人的好奇心。通过着装和身体的改变，雌雄同体服装成为性别面具，一种蓄意控制的服装，象征着将男性化和女性化封装在一个身体中，以戏弄性别角色参数为目的。

通过服装时尚表达社会身份概念已经变得模糊，尽管几百年来服装的性别两极性表达不再显著，但服装性别表达的兴趣正渐趋浓厚，这个过程的微妙之处在于，削弱两性极端分化，决不会将两性外表统一起来，而是微妙的差别区分。正是无止境微小差别，再生性别对立，这是一种谨小慎微的对立，企图指明性别特征和使身体充满性感。

现代时尚中对立差别和微小差别两种体系并存，这种双重逻辑是时尚的开放特征。以性别为基础的一系列服装中，男性和女性占有地位不同，一种非对称结构仍然统治着时尚世界。女性允许穿任何男性化服装，而男性则受到很多限制，一些专属女性的服装男性仍不可穿着。最明显的是男性不可以穿裙装，或不可以化妆。当社会越来越解放，一种无形的禁令仍然统治着男女性别角色体系，那是一种深层次上，在社会强制性下的主观内在化，这也证明时尚不是一般化的交换系统,男女性别时尚代码不能无限制交换和重新排列,参照点的偏移不能转变为同质而完全交换。对男性时尚的禁忌具有某种集群性的统一意志,以致没有人想对其发起挑战,也不会产生一场抗议性运动或严格意义上的叛逆。时尚设计师 Jean Paul Gaultier 尝试为男装设计裙式裤装,激起的是更多公众的反对,而不是对新型男性时尚的探索。男性穿裙子的尝试是徒劳的,男性不会百折不挠地追求裙装,着裙装的效果只是滑稽模仿,男性似乎注定要发挥无尽的男性魅力。

新的时尚体系,无论多么开放,绝无用意打破连续性,放弃先前已经形成的规范。如果有大量女性穿裤装,绝不是想放弃女性特质的服装。裤装不会悄悄地替代典型的女性服装,它将和传统的女性服装一起,作为一种补充选择,使女性在着装上有更多的自由和更大的变化。这就是为什么女性广泛穿着裤装时,裙装还在逐渐地变化。女性坚持穿裙装,并不意味着回到不独立状态,恰恰相反,意味着着装上增加了选择。

时尚可以戏弄,颠覆和解构性别身份(尤其是女性),然而,它只能反映主流背后的社会意识。如果社会还没有准备好男人穿裙子,那么裙子就不会被大多数人穿着。设计师 Jean Paul Gaultier 可以尝试通过时尚解构性别刻板形象,许多这些颠覆性行为仍然可以看作是对性别身份区别的支撑。

是性别角色的变化影响时尚,还是时尚的变化影响性别角色,以及它们相互之间影响的程度有多大,还很难确定。最大可能是,在服装变化中,时尚和性别角色彼此关系更加紧密。真正目的是戏剧化性别之间的紧张气氛,而不是要解决它们。也许有一天,时尚会成为统一男性和女性性别身份的一种手段,而在定义男性角色和女性角色时不起帮助作用。

总之,性别角色是一种文化现象,具有丰富而复杂的含义。人们自动地选择与大众一致的性别化服装,这是根据社会建构的性别角色规范的选择。服装是表征性别角色的媒体,又探求改变女性化和男性化的概念。现代男女之间的差别被时尚弱化,时尚中出现雌雄同体现象。未来时尚和性别角色关系将更加紧密,然而差别终将存在。

参 考 文 献

Arnold, R. 2001. Fashion, Desire and Anxiety: Image and Morality in the
   Twentieth Century. New Brunswick, NJ: Rutgers University Press.

Ash, J. and Elizabeth Wilson. 1992. Chic Thrills: A Fashion Reader.
   Ewing, NJ: University of California Press.

Barnard, M. 2002. Fashion as Communication. 2nd ed. London: Routledge.

Barnes, R. and Joanne B. Eicher. 1997. Dress and Gender: Making and
   Meaning(Cross-Cultural Perspectives on Women). New York: Berg.

Barthes, R. 2006. The Fashion System. Michael Carter and Andy Stafford,
   eds. Translated by Andy Stafford. Oxford: Berg.

Baudelaire, C. 1987. The painter in modern life//The painter in modern life
   and other essays. Trans. By Jonathan Mayne. London: Phaidon.

Beauvoir, S. de. 1947. The Ethics of Ambiguity. Trans. By Bernhard
   Frechtman. New York: Citadel Press

Bordo, S. 1999. The male body. New York: Farrar, Straus and Giroux.

Breward, Christopher. 1995. The Culture of Fashion, Manchester:
   Manchester University Press.

Breward, C. and Evans, C. 2005. Fashion and Modernity. New York: Berg
   Publishers.

Buckley, C. and Hilary Fawcett. 2002. Fashioning the Feminine:
   Representation and Women's Fashion From the Fin de Siècle to the
   Present. London: I. B. Tauris & Co Ltd.

Butler, J. 1993. Bodies that Matter: On the Discursive Lomits of "Sex".
   London: Routledge.

Butler, J. 1990. Gender Trouble: Feminism and the Subversion of Identity. London: Routledge.

Chapman, R. and Rutherford, J. (eds). 1988. Male order: unwrapping masculinity. London: Lawrence and Wishart.

Cox, J. and Dittmar, H. 1995. The Functions of Clothes and Clothing (Dis) Satisfaction: A Gender Analysis Among British Students. Journal of Consumer Policy.

Craik, J. 1993. The Face of Fashion: Cultural Studies in Fashion. London: Routledge.

Crane, D. 2000. Fashion and Its Social Agendas: Class, Gender, and Identity in Clothing. Chicago: University of Chicago Press.

Curle, R. 1949. Women, An Analytical Study. London: Watts & Co.

Davis, F. 1994. Fashion, Culture and Identity. Chicago: University of Chicago Press.

Davis, F. 1988. Clothing, fashion and the dialectic of identity. In: Maines, D. , & Couch, J. (Eds.). Communication and social structure. Springfield, USA: Charles & Thomas.

Davis, F. 1989. Of Maids' Uniforms and Blue Jeans: The Drama of Status Ambivalences in Clothing and Fashion. Qualitative Sociology.

Doan, L. 2001. Fashioning Sapphism. New York: Columbia University Press.

Dodd, C. , Clarke, I. , Baron, S. & Houston, V. 1998. Looking the part: Identity, meaning and culture in clothing purchasing theoretical considerations. Journal of Fashion Marketing and Management.

Entwistle, Joanne. 2000. The Fashioned Body: Fashion, Dress and Modern Social Theory. Cambridge, UK: Polity.

Evans, C. and Minna Thornton. 1989. Women & fashion: a new look. London: Quartet.

Evans, C. 2007. Fashion at the Edge: Spectacle, Modernity, and Deathliness. 2nd ed. New Haven: Yale University Press.

Edwards, T. 2009. Consuming masculinities: style, content and men's magazines//McNeil, P. and Karaminas, V. (eds): The Men's Fashion Reader, Berg. Oxford, NY.

Fallon, A. and Rozin, P. 1985. Sex difference in perception of desirable body shape. Journal of Abnormal Psychology.

Feldman, J. R. 1993. Gender on the divide: the dandy in modernist literature. Ithaca, NY: Cornell University Press.

Flügel, J. C. 1930. The Psychology of Clothes. New York: International University Press.

Freud, S. 1993. Femininity: New Introductory Lectures on Psychoanalysis (The Standard Edition) (Complete Psychological Works of Sigmund Freud). Toronto: Hogarth Press.

Garber, M. 1992. Vested interests: Cross Dressing and Cultural Anxiety. New York: Routledge.

Garelick, R. 1998. Rising Star: Dandyism, Gender, and Performance in the Fin de Siècle. Princeton, NJ: Princeton University Press.

Goffman, E. 1959. The Presentation of Self in Everyday Life. New York: Doubleday.

Gerda Lerner. 1986. The Creation of Patriarchy. New York: Oxford University Press.

Gilles Lipovetsky. 1994. The Empire of Fashion: Dressing Modern Democracy [M]. New Jersey:Princeton University Press.

Giles, H. and William, C. 1975. Communication Length as a Function of Dress Style and Social Status. Perceptual and Motor Skills.

Goff, Erving. 1979. Gender Advertisements. Cambridge, MS: Harvard University Press.

Goffman, E. 1959. The presentation of self in everyday life. Garden City, NY: Doubleday.

Goldstein, Laurence A. 1991. The Female Body: Figures, Styles, Speculations. Ann Arbor, MI: University of Michigan Press.

Halberstam, J. 2005. In a Queer Time and Place: Transgender Bodies, Subcultural Lives. New York: NY University Press.

Hebdige, D. 1979. Subculture: The Meaning of Style. London: Methuen &. Co. ltd.

Jobling, P. 1999. Fashion Spreads: Word and Image in Fashion Photography Since 1980. Oxford: Berg.

Kaiser, S. B. 1997. The social psychology of clothing: Symbolic appearances in context(2nd ed. revised). New York: Fairchild Publication.

Kawamura, Yuniya. 2005. Fashion-ology: An Introduction to Fashion Studies. Oxford: Berg.

Kaiser, S. B. 2001. Minding Appearances: Style, Truth, and Subjectivity', in J. Entwistle and E. Wilson(eds), Body Dressing, Oxford: Berg, pp. 79-102.

Kaiser, S. B. , Freeman, C. M. and Chandler, J. L. 1993. Favorite Clothes and Gendered Subjectivities: Multiple Readings', Studies in Symbolic Interaction.

Kierkegaard, S. [1844] 1981. The Concept of Anxiety. Trans. By Reidar Thomte), Princeton, NJ: Princeton University Press.

Mort, F. 2009. New men and new markets, in McNeil, P. and Karaminas, V. (eds): The Men's Fashion Reader, Berg, Oxford, N. Y.

Mort, F. 1996. Cultures of consumption: masculinities and social space in late twentieth Century England. London: Routledge.

Nixon, S. 1996. Hard looks: masculinities, spectatorship and contemporary consumption. New York: St Martins Press.

Oakley, A. 1972. Sex, Gender and Society. London: Maurice Temple Smith Ltd.

Rebecca Arnold. 2001. Fashion, Desire &. Anxiety: image and morality in the 20th Century . London: I B Tauri s.

Richard Wrigley. 2002. The Politics of Appearances: Representations of Dress in Eighteenth Century France. Oxford: Berg.

Rodnitzky, J. 1999. Feminist Phoenix: the rise and fall of a feminist counterculture. London: Greenwood Publishing Group.

Roland Barthes. 2006. The Fashion System [M]. Oxford: Berg.

Sawyer, C. 1987. Men in Skirts and Women in Trousers, from Achilles to Victoria Grant: One Explanation of a Comedic Paradox. The Journal of Popular Culture.

Shinke, E. 2008. Fashion as Photograph: Viewing and Reviewing Images of Fashion. New York: I. B. Taurus & Co. Ltd.

Shugaar, Antony. 2000. In Material Man: Masculinity Sexuality Style. New York: Harry N. Abrams.

Simon, William. 1996. Postmodern Sexualities. London and New York: Routledge.

Simpson, M. 2002. Meet the Metrosexual. Salon. com. 22 July 2002. (http://www. salon. com/ent/feature/2002/07/22/metrosexual/).

Simpson, M. 1994. Men performing masculinity. New York: Routledge.

Spence, J. T. and Helmreich, R. L. 1978. Masculinity and Femininity: Their Psychological Dimensions, Correlates, and Antecedents. Austin, TX: University of Texas Press.

Steele, V. 1985. Fashion and eroticism: ideals of feminine beauty from the Victorian era to the Jazz Age. Oxford: Oxford University Press.

Stone, G. P. 1962. Appearance and the Self. In A. M. Rose(Ed.), Human behavior and the social processes: An interactionist approach. New York: Houghton Mifflin.

Susan B. Kaiser. 2011. Fashion and Cultural Studies. Oxford: Berg.

Svendsen, L. 2006. Fashion: A Philosophy. London: Reaktion Books Ltd.

Steele, V. 1989. Men and Women: Dressing the Part. Washington: Smithsonian Institution Press.

Steele, V. 2001. The Corset: a Cultural History. New Haven, CT: Yale University Press.

Tseelon, E. 1989. Communicating via clothes. Unpublished paper.

Department of Experimental Psychology, University of Oxford.

Vinken, Barbara. 2005. Fashion Zeitgeist: Trends and Cycle in the Fashion System. Oxford, UK:Berg.

Veblen, T. 1994 [1899]. The Theory of the Leisure Class. New York: Penguin Books.

Walter, N. 1998. The New Feminism. London: Little, Brown & Company.

Wilson, E. 2003. Adorned in Dreams: Fashion and Modernity. London: I. B. Tauris & Co Ltd.

Wood, J. T. 2008. Gendered lives: Communication, gender, and culture(8th ed.). Boston, MA:Wadsworth.

Yates, Anna G. 2003. Understanding Women's Magazines: Publishing, Markets and Readership. London: Routledge.

Young, I. M. 2005. On female body experience: "Throwing like a girl" and other essays. New York: Oxford University Press.

后　记

　　在撰写此书过程中,受到了英国友人 Nik 的鼓励和支持,并提供了思路和信息。北京大学博士后柳皋隽提供了研究信息渠道,否则完成此书十分困难。韩章老师给予了极大的帮助。

　　东南大学出版社张丽萍老师给予特别的支持,并提出了重要的建设性意见。

　　本书引用了一些图片,由于无法联系作者,在此深表歉意并衷心的感谢。

　　在此,对所有关心和帮助此书出版的人表示最诚挚的感谢!

二〇一六年九月八日